信息技术在云南少数民族
地区农业的应用研究

杨路明　徐　旻　著

科学出版社

北　京

内 容 简 介

本书是国家社会科学基金项目"信息技术对云南少数民族地区农业的支撑作用及问题分析"(项目编号 09XTQ005)的研究成果。内容涉及信息技术在云南少数民族地区的发展概况,信息技术在云南少数民族地区的发展水平、供需分析、制约因素、发展重点、应用发展对策及基础保障等几个方面。研究通过入户调查、发放调查问卷等方式获得数据,并结合公开的数据进行分析得出相应的结论,最后提出了云南少数民族地区信息技术应用的发展对策及基础保障措施,为少数民族地区农业应用信息技术的对策提供了比较合理的研究依据。

本书可以作为农村经济研究及发展、少数民族地区经济发展研究、信息技术的应用研究及政府公务人员学习的参考用书,也可以作为目前针对农村扶贫,特别是少数民族地区扶贫策略研究人员的参考用书。

图书在版编目(CIP)数据

信息技术在云南少数民族地区农业的应用研究 / 杨路明,徐旻著.
—北京:科学出版社,2017.12

ISBN 978-7-03-055846-6

Ⅰ.①信…　Ⅱ.①杨…　②徐…　Ⅲ.①信息技术-应用-少数民族-民族地区-农业-研究-云南　Ⅳ.①S126

中国版本图书馆 CIP 数据核字(2017)第 303540 号

责任编辑:王丹妮 / 责任校对:彭　涛
责任印制:吴兆东 / 封面设计:无极书装

科 学 出 版 社 出版

北京东黄城根北街 16 号
邮政编码:100717
http://www.sciencep.com

北京京华虎彩印刷有限公司 印刷

科学出版社发行　各地新华书店经销
*

2017 年 12 月第　一　版　开本:720×1000 B5
2017 年 12 月第一次印刷　印张:9 3/4
字数:184 000

定价:**68.00 元**

(如有印装质量问题,我社负责调换)

前　　言

随着信息技术的快速发展，在信息技术的支撑下，世界发生了巨大的变化。无论是生活、工作还是学习、娱乐，所有的一切都在信息化的世界里产生变革。信息技术已经融入我们生存的世界之中。可以说，我们所面对的一切都依赖于信息技术在不同的层面得到发展变化。农业也同样在信息技术的支撑及作用下，发生了前所未有的变革。

从 20 世纪 80 年代至今，信息技术迈入高速发展的时代，从互联网到电子商务，我们已经从传统的商务时代变革到了新的信息时代。信息技术发展的速度比过去几百年的科技革新更为迅速。所有的行业均涉及信息技术。人们几乎每天都在信息技术的支持下工作、学习和生活。信息技术真正改变了商业的竞争环境，也改变了农业的发展方向及农业的生产模式。

云南省是一个多民族的省份，而且气候环境有温带也有热带，地理环境复杂，气候多样性。民族文化之间存在相应的差异性，发展也存在差异性。在农业方面，各种差异性使得云南少数民族地区更具有一定的特殊性，在应用信息技术方面也存在非常明显的不同。

虽然信息技术在世界得到了广泛应用，然而不同的环境，不同的文化及地域，信息技术的发展及应用存在很大的差异性。也正是如此，我们研究了信息技术对云南少数民族地区农业的支撑作用，想借此研究帮助相对落后的地区及民族通过信息技术的优势来获得更快速的发展，并借助于信息技术提升民族地区的生活水平，改变民族地区的经济基础。

21 世纪是信息技术的时代，信息革命在影响工业的同时，也使社会农业的生产经营环境发生了巨大而深刻的变化。实施农业信息化建设，对于提高云南少数民族地区的农业综合效益和农村经济运行水平，促进云南少数民族地区的农村经济全面发展具有重要意义。同时，农业信息化是推动云南少数民族地区社会生产力跨越式发展的重要措施，也是提高农业生产率、促进农业产业结构调整、实现农民增收的现实需要。

本课题立足云南少数民族地区农业发展，具有以下重要的理论和现实意义。

（1）课题的研究弥补了对云南少数民族地区的农业信息化研究的不足。云南少数民族地区独特的气候条件和农业资源，以及农业信息化发展起步晚、基础设施建设滞后的现实条件，决定了云南少数民族地区的农村信息化建设有其独特的特点。但是国内外针对少数民族地区农业信息化的研究比较少，因此本课题的研究可以在一定程度上填补这一空缺。

（2）课题的研究对如何利用信息技术提升少数民族地区农业发展水平具有一定的现实指导作用，对研究如何建设适应云南少数民族地区的农业信息化奠定了理论基础，为云南少数民族地区的农业信息化建设扫清了障碍。所以本课题的研究有利于促进云南少数民族地区的农业发展。

（3）课题的研究对推动云南少数民族地区从传统农业向现代农业转变、推进社会主义新农村建设、增加农民收入也具有较强的现实指导意义和实际应用价值。对云南少数民族地区的农业信息化进行分析，可为其他地区提供参考借鉴的思路，进而为推动农业体制的转变、解决"三农"问题提供帮助。

课题研究的主要内容如下。

（1）信息技术在农业中的应用和农业信息技术的发展：结合云南少数民族地区农业信息传播和农业发展的特征，分析信息技术在云南少数民族地区农业发展中的适用性。

（2）农业信息化与农业现代化的相关关系研究：农业信息化的发展是农业现代化的前提条件，信息化的发展水平已成为能否提高其主要资源的开发利用水平和经济技术水平的关键环节。农业信息化不但可以促进我国经济的快速发展和加速实现农业现代化，还可以解决长期困扰我国的"三农"问题，对促进农业经济的全面发展产生深远的影响。

（3）国内外农业信息化的探索与实践：通过比较研究，对处于世界领先地位的美国、德国、澳大利亚、日本，以及发展较快的韩国等外国的农业信息化发展现状和特点进行归类总结，找出差距及发展中存在的不同特征，得出值得借鉴的有效经验。

（4）云南少数民族地区的农业信息化分析和模式研究：通过实证研究和比较分析，得出云南少数民族地区农业发展现状和信息化程度，研究信息技术在云南少数民族地区的应用模式和对当地农业发展的服务作用，分析信息技术的应用方式、覆盖范围、系统运行步骤和周期等，以及针对在应用过程中可能存在的问题提出具体的解决办法。

（5）信息技术对云南少数民族地区农业发展的作用问题分析：农业信息化是现代农业的标志和关键，农业信息化发展会明显促进农业持续发展，逐渐成为农业生产活动的基本资源和发展动力。通过效果模拟、系统测试、建立实验基地等方法，总结出具体可量化的信息技术对农业的服务作用，并根据存在的问题进行改进，吸收经验教训，找到解决的思路，寻求一套信息技术应用于农业的有效模式。

本课题通过申请国家社会科学基金项目，获得国家社会科学基金的支持，并形成了本书。应当说，研究信息技术对少数民族农业的支撑作用，最重要的是数据，而数据的获得需要进行实际的调查，调查是一项艰苦的工作，地区不同，民族不同，地域不同，使得研究难度倍增。数据的获取难度使得课题没有如期完成，但通过课题组的努力，最终完成了相应的工作，并得出了相应的结果。

参与本课题的人员有：徐旻（博士生）、陈丽萍（硕士）、杨雪娇（硕士）、季宁（硕士）、曹卫美（硕士）、李杜苍海（硕士）、杨旭召（硕士）、武亚娜（硕士）、单良（硕士）、黄淑珍（硕士）、马孟丽（博士生）、马小雅（博士生）等。正是他们进行了大量的实际调查并进行了数据处理及相应的专题研究，才使得研究能够顺利进行。在此感谢他们的付出及辛勤的劳动。

感谢全国哲学社会科学规划办公室提供的研究资金，使得本项目能顺利完成。感谢云南大学工商管理与旅游管理学院提供的出版基金，使得本书能够与读者见面。

感谢对项目所提出批评意见及建议的专家、学者，正是你们的意见使得本书能真正体现严谨、科学、规范及应用的价值。

在本书的研究中参考了众多专家的研究成果及研究论文，在此致谢。

杨路明

2017 年 7 月 26 日

目　　录

第1章 导 论

我国是世界上最大的发展中国家和传统的农业大国，农业是国民经济的基础和保证。农业发展直接关系到人民生产生活的方方面面。随着社会的不断发展，信息技术作为社会经济发展的主导和助推动力，日渐渗透并影响国民经济发展。我国自 20 世纪 80 年代开始，针对农业信息技术应用先后开展了一系列研究，包括专家系统、数据库与信息管理系统、决策支持系统、系统工程、地理信息系统、全球定位系统等，有些技术已经达到了国际先进水平。农业信息技术有着巨大的应用空间和广阔的发展前景。但从总体上来说，我国农业信息技术的研究与应用和发达国家相比还有很大差距。

1.1 信息技术在云南少数民族地区农业应用的研究背景

《中华人民共和国国民经济和社会发展第十二个五年规划纲要》（简称国家"十二五"规划）明确将信息技术确立为七大战略性新兴产业之一，并作为国家的重点扶持对象进行推进。能源、通信、材料、生物等领域的发展无一不是得益于信息技术的进步。而农业是国民经济的支柱产业，其与信息产业的结合却是一个较为薄弱的环节。如何将信息产业的发展成果运用到农业领域，已成为世界上各个国家尤其是发达国家关注的重点。根据 2014 年国家统计局公布的数据显示，我国农业人口总数约占全国总人口的 45.23%。同时，中国是一个由 56 个民族和谐相处共同组成的大家庭，960 万平方千米的土地上，少数民族居住的区域占到了60%，而少数民族地区的支柱产业多以农业为主，因此研究少数民族地区的农业发展，以及信息技术对于农业的促进和支撑作用有着深远的意义。从 20 世纪 90 年代开始，我国各级政府就开始关注农业的信息化建设，同时提出了国民经济的信息化战略，相继出台了一系列文件，如《全国农村和农业信息化建设总体框架（2007—2015）》、金农工程、《关于加强农村经济信息体系建设和信息服务工作的意见》等。2014 年 10 月，在青岛举行的农业信息化高峰论坛上指出，我国已进入农业发展关键时期，在此时期，我国必须加快传统农业改造的步伐，只有这样才能推进农业现代化的实施和实现，而在这一过程中，农业信息化的全面推广则是一条必经之路。因此，将信息技术和手段运用于农业现代化的改造，实现这两者的融合发展，才能从根本上改变农业的落后发展方式，从本质上实现农业现代化。

云南省位于我国西南边疆地区，少数民族众多，地理环境复杂，与发达地区相比，不论是经济还是科学技术应用方面都存在较大的差距。农业历来是云南省经济发展的基础型支柱产业，得益于独特的地理环境和自然气候，云南省农作物及经济作物品种繁多，除花卉、烟草、茶叶、中药材等几类农作物，咖啡、橡胶、蔗糖、时令果蔬、核桃及野生菌等特色农副产品在国际国内均有较大市场。但是信息技术在云南省农业发展中的参与程度却很低，远远落后于现代信息科技的发展，农业产品的生产和营销还都是以传统的方法和手段为主。这严重阻碍了农业生产标准化的实施，也无法保障农产品质量安全，限制了云南省整体经济发展的步伐。针对这样的现状，云南省政府积极采取措施发展农业现代化。1992 年，云南省民族事务委员会组织引进了智能化农业信息应用技术，并组织有关专家开发了玉米专家系统，在澜沧的酒井、东回两个乡试验推广，玉米平均增幅达 80%～400%。1997 年起，云南省政府每年划拨 430 万元，作为电脑农业专家系统软件研制和全省 35 个推广县（市）应用推广工作专项资金。1997 年，全省有 149 个乡镇、817 个行政村、25 万多农户参与了推广，推广面积 84 万多亩（1 亩≈666.67 平方米），各种作物增幅均在 8%以上，新增产值 7 600 多万元。同年，云南省电脑农业专家系统被列入国家科学技术委员会"863"计划智能化农业信息技术示范工程。1997～2002 年，云南省通过推广电脑农业专家系统，增加推广区农民粮食收益 5.94 亿公斤，新增产值 7.1 亿元，参与实施电脑农业信息技术应用推广的农户近百万。云南省政府在"九五"期间又投资了 1 290 万元，委托中国科学院合肥智能机械研究所开展电脑农业的推广应用以及培训教育工作，这次活动共涉及该省的 29 个少数民族自治县。同时，合肥智能机械研究所根据国家"863"计划的委托，针对西部地区的实际情况，开发了农业信息技术软件平台。2004 年，国家在民族地区实施了电脑农业推广工程，并在全国范围内选出了 22 个重点县和重点乡来推广"电脑农业"，这些县和乡包括人口在 10 万以下的民族自治县、散杂居地区民族乡村以及东部和西部地区中人口较少的民族聚居乡。作为电脑农业专家系统的示范区，云南省政府制定了《云南省电脑农业技术开发及推广应用项目管理办法》，进一步向省内的少数民族聚集区和经济落后、生活贫困的地区积极地推广电脑农业专家系统。

云南省近年来积极开展"农信通""三农通"等活动。从 2007 年开始实施的"数字乡村"、金农工程等项目，通过在全省范围内完善信息化服务基础设施、建立信息化服务机制、组建信息化人才队伍，全省农业农村信息化状况得到极大改善。近几年云南省"数字乡村"工程建设共投入资金 1.49 亿元，截至 2012 年，云南省农业系统共拥有计算机 6 297 台、服务器 212 台，建成覆盖全省大部分乡镇的 1 494 个"数字乡村"网站集群和 14 万个村级网页，形成了一个具有一定规模和服务能力的农业信息服务平台。与此同时，伴随着省级农网传输的提速，云南省实现了全省乡镇 100M 光纤网络的全部覆盖和宽带接入。另外，为解决农业信息传播"进村入户，最后一公里"的问题，进一步推动农业、农村信息化服务，云南省农业科学院、新华社云南分社以及中国移动云南分公司三者紧密合作，共同构建了"云南农村信息化扶贫暨农信通专家咨询服务平台"。虽然云南近年来在农业信息化方面做出了无数的尝试和努力，但是与国内发达地区相比，差距还是显而易见的，更不要说与发达国家相比。

李克强总理在 2016 年 4 月 6 日的国务院常务会议上强调，要加大农村宽带建设投入，填平农村与城市的"数字鸿沟"。这既有利于工业产品下乡，又有利于农产品拓展市场。在当前"互联网+"的时代背景下，李克强总理曾在多个场合力推"农村电商"，以互联网缩小城乡差距。2015 年农村地区网购交易额达到 3 530 亿元，同比增长 96%。因此，针对云南省农业信息化较为落后的现状，对如何转变农业生产方式，在"互联网+"背景下对信息技术和农业发展相互融合与促进，缩小城乡差距，缩小与民族地区的差距，推进农业信息化的模式与路径等问题展开一系列的研究具有较高的理论和实践价值。

1.2　信息技术在云南少数民族地区农业应用的研究目的及意义

1.2.1　研究目的

目前，以信息技术为特征的信息化浪潮正以惊人的速度影响着全球，逐步渗透到社会的方方面面，并不断影响着人们的思维，改变着生产和生活的方式。作为农业大省，云南省农业信息技术的发展对其农业的发展不可小觑。由于政治和经济各种原因，云南少数民族地区存在少数民族农民文化程度不高、农民人均承包的土地规模较小、农产品经营不集中、农业信息意识不强等不足。这些原因导致了云南少数民族地区农业人均收入、农产品加工率、商品销售率远远低于全国平均水平，从而制约了该地区农业经济的发展。而农业信息化可以改善以上状况，充分利用有利的地理优势，促进少数民族地区经济的发展，从而加速云南省农业现代化的进程。

因此，本书旨在总结国内外农业信息化理论研究的基础上，研究其发展规律，结合云南省的实际问题和情况，采用科学的研究方法进行分析和论证，努力探讨云南少数民族地区农业信息技术应用发展的对策及方案，进而为提高云南省农业信息技术水平提供一定的理论参考，也为云南省农业的发展和农村经济的建设提供科学依据。

1.2.2　研究意义

党的十八大报告明确指出要走农业现代化的道路，表明了农业在现代经济社会中的重要地位，农业农村信息化由此迎来了前所未有的战略发展机遇。因此，适时抓住机遇，系统、深入地对云南少数民族地区农业信息技术相关问题展开研究，兼具理论意义和实践意义。

1. 理论意义

（1）国家农业信息化发展中必不可少的一个组成部分就是少数民族地区的农业信息化，因此，其发展水平的高低与国家信息化的整体水平以及农业生产和发展的现代化程度密切相关。本书在充分梳理和总结前人对于农业信息技术的理论研究的基础上，结合云南省的实际，为云南少数民族地区农业信息化的发展提出建设性的建议，也为云南省推进少数民族地区农业信息技术应用发展的建设提供了理论的支持。

（2）鉴于国内外针对少数民族地区农业信息技术的研究比较少的现状，本书基于对一手数据的收集和整理，结合少数民族地区特有的地理、环境、人文等因素，客观地分析云南少数民族地区农业信息技术应用发展的现状、存在的问题和可能的机遇，为理论界对于农业信息技术应用发展的研究开辟了一个全新的视角，为将来的研究者从事相关领域的研究提供了一定的理论参考。

2. 实践意义

（1）本书基于对实地调查所得的一手数据的分析，探索云南少数民族地区的农业信息技术应用发展现状和存在的问题，并基于此提出了相应的可行对策。从宏观上来说，可以为政府部门在农业信息技术发展决策过程中提供一定的理论参考。

（2）本书的研究所得出的结论都是基于前人的研究中得到证实的理论和一手数据的分析，具有较强的可信度和可靠性，对于云南省在少数民族地区应用农业信息技术、实施农业信息化建设具有一定的指导意义。同时，对全国其他具有类似情况的省份实施农业信息化建设也具有一定的参考和借鉴价值。

（3）从微观上来说，本书的研究还能够帮助少数民族地区地方政府和从事农业信息发展工作的工作人员发现自身工作中存在的不足，促使他们为进一步推进和发展地方的信息化建设更新观念、积极探索和学习，进而加快在软实力上匹配硬件设施的发展步伐，保证少数民族地区农业现代化的最终实现。

1.3　国内外农业信息技术应用发展及研究现状综述

随着社会的快速进步和科学技术的日新月异，世界各国农业信息技术及应用得到了快速的发展。特别是一些发达国家的发展更为迅速，很多国家从农业基础设施方面、农业信息技术的应用方面实现了农业信息共享、农业设备共享、农业软件共享，实现了高度的信息化。并且以政策、法律、法规作为保障，围绕国家这个主体建立起了比较完善的农业信息系统、农业需求信息系统、农业商品信息系统、农业市场信息系统，使得农业真正向"更加专业化、集成化、多媒体化，更为实用化和普及化，更好地实现网络化"的方向发展。

1.3.1　国内外农业信息技术应用发展现状

1. 国外农业信息技术应用发展现状

根据资料显示，工业较为发达的国家中，信息技术对提高劳动生产率的贡献值达到 60%～80%。以 1979～1989 年为例，依靠信息技术，法国的劳动生产率提高了 90%，德国提高了 88%，美国提高了 33%。

1）美国

美国的农业信息技术发展应用一直走在世界的前列，计算机网络、机械化、自动化、遥感等技术均应用到了农业发展中。世界上许多国家，均借鉴美国的农业信息化的工作经验和模式。20 世纪 70 年代初，美国开始建设农业技术信息数据库，随后陆续建立了生物科学情报社及美国国家农业数据库等数据库，通过英国的 DLALOG、SDC 和欧洲的 ESA，这些数据库向全世界各国的农业提供作物生长管理自动化、病虫害诊断、农业技术资源保护和病虫害预测等方面的服务。20 世纪 80 年代初，美国从事信息技术相关行业的劳动力已经超过 60%。

2）法国

法国是欧盟国家中的第一农业国，其农业信息技术比较发达。法国的农业信息服务主体多元复合，拥有高效准确的农业信息系统，信息服务形式较为多样，发展态势良好。信息多元化包括国家农业部门、各种行业组织、农业商会、研究教学系统以及专业技术协会和民间信息媒体等。它通过各个部门，将生产者和经营者不同的信息需求串联起来，从而形成了法国多元信息服务主体共存的局面。信息服务形式的多样化主要包括传播媒介、宣传方式和信息费用等。法国农业部门从上到下均有自己的信息数据库，并且具有自己的计算机局域网以及广域网，利用互联网络开展收发电子邮件和电子商务活动，通过局域网在农业部门的网站上发布信息等。

在法国，农业部负责下达信息收集的任务，组织和完成信息采集、汇总，上级任务由大区农业部门负责，省农业部门协助大区农业部门完成信息采集任务。法国农业信息采集系统涉及畜牧业、种植业、渔业、林业，还有农产品流通情况和食品生产等。

3）德国

德国的农业信息与北美、欧洲、日本等国家和地区的网络连通，已经进入应用电子计算机网络时期。德国主要通过三种类型的计算机网络来实施其农业技术信息服务。第一，各个地州农业局开发并运营的电子数据管理系统（EDV），用户只要通过电话线，将电视机或者计算机与 EDV 联机，并交纳一定的费用，便可以对农作物生长情况、病虫害预防、防治技术以及农业生产资料市场信息等随时进行查看。第二，邮电局开发运营的电视文本显示服务系统（BTX），用户只需要购买 BTX 主机和键盘，并将其与电话或者电视连接，便可通过邮电局的通信网络获得农业技术信息服务。第三，德国农林生物研究中心开发建设的植保数据库系统（PHYTOMED），该系统以德国计算中心的大型计算机为宿主机，凡是与宿主机联网的计算机用户，便可对农业信息以及其相关的技术进行联机检索。德国的农业技术信息服务主要是通过计算机网络来实现的，在工作场所，国家农业技术人员一般每人配置一台计算机[1]。

4）日本

截止到 2002 年，日本全国农户计算机拥有量已经达到了 53%，计算机在农户中已得到了很好的普及。在日本农业中，信息技术的应用主要涉及以下几个方面。

（1）利用计算机进行农业经营管理，通过分析和评价，发现农业经营中存在的问题。

（2）通过计算机的辅助制订改进农业经营管理计划。

（3）利用相关软件，合理有效地配置土地、资本和劳动力等生产要素。

（4）获取并有效地管理和运营资本。

（5）利用计算机实现产品销售的利润最大化，并解决物流系统中存在的问题等。

与此同时，日本移动电话的使用非常普及，因此互联网技术与无线通信技术的结合，使得日本农业计算机应用的发展得到了进一步的推动，并逐步向农业信息化的方向迈进。日本农林水产省 2002 年的统计数据显示，日本全国利用移动电话来进行农场经营的农户占比约 33.3%。

5）韩国

在农业信息网络和信息基础设施的建设中，韩国的政府以及公共机构起着主导性的作用。政府投资建设了农村的信息主干网，三大民营电信企业在政府给予一定的经费补助的基础上，投资建设了从主干网到中心局的管道，民营电信企业主要负责从中心局到各个用户之间的网络。为了让农民上网更加方便，韩国政府还制订了许多措施。信息技术在韩国农业中的角色越来越重要，在未来，一系列硬件建设和软件系统建设是韩国政府工作的重中之重。韩国农村的计算机普及率在 1999 年便达到了 24%，到 2010 年，农村居民家庭计算机普及率达到 100%，每户农户均拥有自己的计算机。

6）加拿大

加拿大的 3S 技术、计算机网络等现代信息技术应用广泛，农业信息体系健全，政府、协会、大学、公司等机构共同参与，呈现出多元化和多层次的信息服务局面。加拿大的信息服务方式多种多样，主要有以下几种。

（1）可以在互联网上建立网站和发布信息。

（2）有免费信息咨询的电话，免费为农民解答。

（3）用电子邮件提供相关的信息咨询服务。

（4）提供信息服务是通过传真和邮寄资料的方法。

（5）专家直接到现场解决问题。

（6）对农民如何上传信息、咨询问题、使用信息和获取信息进行全面的培训。

加拿大的农业专业合作组织是很全面和专业的，各种各样的农产品都成立了协会。行业的协会也给会员信息与技术的支持。

2. 国内农业信息技术应用发展现状

1）农业信息网络

1994 年 4 月，中国与国际互联网正式连接。1996 年，第一个国家级的"中国农业信息网"由农业部建立。1997 年，国家级"中国农业科技信息网"由中国农业科学院建立。截至 2001 年底，我国国内相关的农业信息网站已经超过2 000 家，其中，能够正常运作的约 1 600 家，北京与沿海省份的网站数量占到37%。据农业部信息中心统计，目前我国农业网站有 6 000 多家，仍主要集中在北京和沿海省份，西部地区农业网站数量较少。在建立的农业网站单位中，公司企业占 82.56%，农业政府部门占 11%，农业科研机构占 2.6%。我国的农业信息网络虽然起步比较晚，但设施也比较先进。目前，农业信息网站存在地区分布不平衡、缺乏网上资源和利用率比较低等问题。

2）农业数据库

国家物价局（1994 年并入国家发展和改革委员会，现为国家发改委物价司）于 1990 年创建了"农产品集市贸易价格行情数据库"，在这个数据库中，包含35 个城市的 28 种大宗农副产品的市场价格，这个系统的功能非常强大，能够进行信息检索、报价查询和分析对比。我国最大的"中国农业科技文献数据库"是由中国农业科学院科技文献信息中心于 1995 年建立的。当时,我国还有 4 个大型的农业科技文献数据库。据北京万方数据股份有限公司 2005 年提供的数据显示,数据库建设粗具规模,农业领域数据库 483 个,数据总量达 14.67TB,主要集中在较发达地区农业领域的信息机构。目前,我们国家从中央到地方的农业信息网络系统已初步成型,并在逐步完善。多类型农业数据库对我国农业发展起到了举足轻重的作用,但是我国的农业数据库技术远远落后于世界水平。

3)管理信息系统

1990 年在山东和河南等地区,中国农业科学院棉花研究所创建的棉花生产管理的模拟系统被广泛推广,推广面积达到 35 000 平方千米,其中每公顷增产皮棉达到了 125 千克。中国土壤肥料养分管理信息系统是在 2000 年由中国农业科学院土壤肥料研究所研发的,这个系统已经接近国际的先进水平,并在 6 个省被推广过,具有显著的经济效益与生态效益。全国森林病虫害防治管理信息系统、林火管理信息系统与国内林业植物检疫管理信息系统这 3 个系统是在新闻报道中出现过的,每个省受其影响也在建立属于自己的农业信息系统。比起发达国家的农业管理系统,我国落后它们十多年,而且技术含量也不够。

4)决策支持系统

系统以人机会话为主来对决策者的特殊需要做出响应,并给出决策支持,这将大大地提高决策的有效性。这样的系统属于决策支持系统,它以模型驱动为主,和管理信息系统是截然不同的。

第一个"中国食物供需平衡决策支持系统"是在 1988 年由中国农业科学院和中国人民大学研究创建的,这个系统对我国中长期食物供需平衡有着重要有效的决策支持,对于在模型库、数据库与方法库中那些数据与复杂关系的处理与运算方面,都有着卓越的帮助。

5)专家系统

知识作为首要的基础,在解决复杂实际问题方面提供仿人类专家解答,像这样的人机交互系统属于专家系统。在农业信息技术中智能化的农业专家系统是占据着主导地位的。农业专家系统在 1990 年被科技部确定为国家"863"计划里的重点课题,现在已经有小麦、大豆、水稻、棉花与玉米的专家系统了。具有代表性的是中国科学院合肥智能机械研究所利用知识工程研制出的"砂礓黑土小麦施肥计算机咨询系统"。20 世纪 90 年代初,江苏省农业科学院主持研制出我国四大作物——水稻、小麦、玉米和棉花的计算机专家系统(crop cultivation simulation optimization decision system,CCSODS),北京市农林科学院研制出"小麦管理计算机专家决策系统(expert system of wheat cultivation management,ESWCM)",而"施肥专家系统"是由中国科学院创建的。吉林大学、中国科学院合肥智能机械研究所与北京农业信息技术研究中心都有自己的开发平台基础软件,用来创建农业专家系统。在我国,专家系统已经被广泛推广了,"863"智能化农业信息技术应用示范区已经遍布北京、黑龙江与云南等 22 个地区,这些能够较好地促进我国农业信息技术的发展。专家系统具有投资少、见效快与周期短等特点。

6)3S 技术

3S 包含遥感(remote sensing,RS)、全球定位系统(global positioning system,GPS)与地理信息系统(geographic information system,GIS)等技术。我国的遥感卫星地面站于 1986 年在北京建成,现在已经达到了 37 个。1997 年,通过卫星遥测,气象部门就我国北方土地干旱面积与旱情分布状况进行了报道。其中地理信息系统技术在农业上的应用最多、发展最快,对地理信息系统进行了深入的研究,它主要包括灾情评估、重大自然灾害监测和预警、减灾与环境等。如果将全球定位系统和遥感进行融合,那么就可以对病虫害和水旱灾害进行预测,还能测量森林、渔业和农田的资源,进一步为发展农业做出贡献。在农业领域,3S 有着广泛的利用价值,是最受关注的技术。但在我国应用 3S 技术会有技术水平与基础设施的限制。国内大学及科研机构在遥感、全球定位系统及作物生长模拟等方面的研究也取得了不少成果,为推动我国农业信息技术的发展奠定了基础。

7)农业作物模拟系统

我国研究农业作物模拟系统起步比较晚,20 世纪 80 年代初在引进美国和荷兰的模拟模型的同时,开始吸收国外先进的动态模拟技术,成功地建成了许多作物生产系统模拟模型。20 世纪 80 年代,农业作物模拟系统发展加快,并在国外优秀模型的基础上,创建了棉花、玉米、小麦和水稻的模拟模型与优化栽培系统。现在对这方面的研究层出不穷,其中,中国农业大学(小麦、棉花)、中国农业科学院科技文献信息中心(小麦、玉米)和南京农业大学(小麦)研究成果尤为突出。由于国内各地区有着很强的地域性与经验性,模型研究就会有着明显的实用性与预测性。江苏省农业科学院高亮之等研制的水稻钟模型 RICEMOD、陈华在此基础上研制的小麦发育动态模拟模型、华南农业大学骆世明建立的水稻高产栽培计算机模拟模型 RSM、江西农业大学殷新佑等研制成的水稻综合模拟模型 RICAM 等,大大推动了我国作物生产系统的动态模拟研究。

8)虚拟农业

首先采用计算机技术对鱼、禽、畜和作物进行模拟,紧接着培育出完美的实体产物,这项技术就是虚拟技术。它是从"虚拟现实"变化而来的,被美国的《时代周刊》称为"改变未来的十大技术"之一。从遗传学的角度上对那些短秆大穗的粮食作物与有特殊味道的水果进行操控生产,还可以防范病虫害。对于国外来说,研究虚拟农业是一件具有挑战性的事情,所以国外还没有真正实施,但我国学者对虚拟农业有着前所未有的期盼。国家"十五"时期科技战略将发展精确农业技术、提高农业生产水平作为重中之重，国家"863"计划在全国 20 个省市开展了"智能化农业信息技术应用示范工程"；目前，我国已有了自己的精确农业研究机构，即以中国工程院院士汪懋华为学科带头人的中国农业大学精细农业研究中心，该中心已在国际国内多种期刊和重大农业会议上发表了数篇论文，有力地推动了我国精细农业理论研究的发展。

9）信息化自动控制技术

对于食品仓储、畜禽饲养、饲料生产、人工控制温室与水产养殖等方面，从 20 世纪 90 年代到现在，只有较少的自动化控制技术参与其中。自动化控制技术如此落后，主要有我国过剩的农业劳动力、缺乏农业资金和较低的农业现代化水平等原因。

10）农业多媒体技术

多媒体技术由影像技术、通信和计算机技术充分融合而成，多媒体技术能够对像、文、图和声进行一体化处理。中国第一个农业多媒体制作中心是在 1998 年由中国农业科学院科技文献信息中心创建的，对于广泛推广农业多媒体来说，这将是一个极佳的基础设施环境。第一批 10 个农业科技的多媒体光盘是在 1999 年由我国自发研制的，它在市场中被广泛推广。"多媒体小麦管理系统"是由中国农业科学院创建的，"植物保护咨询系统"是由廊坊农林科学院创建的。

11）精准农业

采用 3S 的技术将根据农业技术运行的差异性，把地块水平确定到平方厘米的水平，这样的技术是精准农业。国内对于精准农业的研究刚刚开始，所以还没有涉及农业生产。"适合于农场规模化经营的精准农业养分信息管理技术与精准农业变量平衡施肥技术体系"是在 2001 年由中国农业科学院土壤肥料研究所创建的。

12）生物信息学

将生命与信息科学融合在一起而发展起来的生物信息学，会是农业应用信息技术里最为重要的领域之一。研究范围分三类：数据库的建立与优化，软件研制和系列的排序比较研究，对新系列的认识与预测。欧洲分子生物学网络组织是目前国际上最大的生物信息研究开发机构。中国科学院、北京大学等单位开展了对生物信息学的研究，但农业科研部门尚未起步。

13）数字化图书馆

20 世纪 90 年代末期，我国加快了对图书文献的数字化与图书馆网络化的建设步伐，这一举措对于建设国家农业数字化图书馆有着重大的意义。我国于 2000 年对建设国家数字化图书馆做出了明确的指示。国家科技图书文献中心的创建，促使国家农业图书馆的数字化建设脚步也在加快。

1.3.2　国内外研究现状

1. 国外研究现状

对于农业信息技术的研究，总结起来，主要经历了三个阶段。第一阶段：20世纪五六十年代，在计算机技术发展的背景下，计算机技术运用到对农业科学数据的计算中；第二阶段：20世纪70年代左右，研究者开始致力于将数据库的技术应用到农业科学数据处理当中；第三阶段：20世纪八九十年代，知识的处理、自动控制的开发以及网络技术的应用成为新的农业信息化研究重点。下面将针对农业信息化研究的各个具体方面进行介绍。

1）农业信息化重要性的研究

美国食品农业组织预测2050年全世界的人口会接近90亿，全世界的食物产量将是现在的两倍，温饱问题将会成为人类不断发展与进步的绊脚石[2]。而Tilman等指出农业信息化有利于可持续农业的发展，与大面积开垦土地增加粮食产量的传统方式不同，农业信息化着眼于未来的长期进步，有利于提升粮食产量，进而促进农业的长期发展，从而使得人类不再为了基本的生理需求而困扰[3]。

关于农业信息化重要性的具体体现，全球信息系统领域学术专业组织AIS的年度报告（2004年）指出农业信息化服务（agriculture information system，AIS）有两个主要的功能：①传播农业信息从而促进农业的发展；②作为农业和食品安全部与公众的交流、沟通纽带。农业信息化服务的主要特点是大众传播。Rao指出信息与沟通技术能够促进传统的交易服务，但是它最主要的功能是方便采购商直接通过农民采购农产品，并且提供准确完全的信息给农会[4]。

2）农业信息化的发展现状

随着社会的进步和科技的发展，世界各国农业信息化水平得到了不断提高，在发展较为迅速的国家，大都从实质上实现了农业基础设施的高度信息化，都以完善的政策法规作为保障，并围绕国家这个主体建立起了较为完善的农业信息系统和农业市场信息服务系统[5]，并向着"更加专业化、集成化和多媒体化，更为实用化和普及化，更好地实现网络化"的方向发展[6]。Cortez回顾了美国农业部关于经济、教育、研究方面信息化的建设状况[7]，Spiertz和Kropff介绍了法国、荷兰等欧洲主要农业国家关于农业研究、教育、假设的状况及投入的简介等[8]，从他们的著作我们可以发现，目前，欧美等国家的农业形成了以下体系：在美国，以完整、健全、规范的信息体系和信息制度为基础，形成了国家、地区、州三级融合的农业信息网[9]，从而使得美国的农业信息化程度已经高于工业81.6%；在德国，政府一直将信息技术视为其发展科学技术的重点领域，通过对农业信息技术和农业新技术的普及，基于强大的电子计算机网络系统全力推进农业全面信息化的进展[10]；而法国则选择了与德国不同的方式，通过鼓励和支持不同类别的信息服务主体的成长，实现了农业信息化多元、快速、全面的发展[11]。由此可见，欧美国家的农业信息化程度已经进入产业化发展阶段。

Muller 指出英国每 100 人中仅有 11.5 人可以使用宽带网络，而导致使用率如此低的主要原因之一是偏僻的乡村网络设施不齐全；Severson 基于基础建设状况对美国农业信息化现状进行分析，指出目前美国 60% 的农村家庭可以使用宽带网络，但是，网络费用以及手机费用相对于家庭平均收入而言还是较贵。

日本作为亚洲农业信息化的代表，1996 年就提出了农业信息化的战略，明确指出要大力开发和普及农业经营管理决策支持系统。日本也在农业信息服务系统上开发出了为农业生产服务的农耕土地资源信息系统（agricultural land management system，ALMS），主要包括土壤信息系统、农业气象信息系统等子系统以及作物栽培试验信息系统。韩国采取了农业信息化的"追赶型"模式。越南在农业信息化方面还相对比较落后，但越南政府积极向外寻求帮助，通过"学习—改造—完善"的过程，在局部初步实现了电子化管理过程[12]。Reddy 指出印度依托 IT 技术建立了农业研究委员会，它通过 46 个研究机构、4 个国家部门、10 个项目指挥中心、27 个研究中心、90 个合作研究中心及 6 个培训机构向农民发布一系列农业生产技术方面的信息并以此来帮助农民提高他们的农业产值。"从市场方面来看，在各地的农产品批发市场之间，从政府的层面来看，在政府农业市场委员会和其他相关的部门之间构建起一个链条式的网络[13]"。Mondal 和 Basua 指出像中国、印度这样的发展中国家虽然都已经开始发展精准农业，但是范围有限，且所运用和研究的技术与领域都有局限性[14]。

3）农业信息化进程中存在的问题

国外研究认为，农业信息化表现出来的问题，归结起来，主要体现在以下三个方面。

（1）信息化建设，作为农业信息化建设的重要组成部分，信息获取是关键因素。Ochai 指出，农民信息获取中的最大障碍是缺乏足够的信息以利于他们完善职业发展，而非是文盲因素，而且信息的缺乏使农民需求与信息服务者之间存在代沟[15]。

（2）信息服务。农村网络信息服务的安全和隐私问题很重要，虽然这一领域在不断发展改善，但还是存在问题。

（3）农民自身素质。Mokotjo 和 Kalusopa 认为，农民对于农业信息化的认识和了解程度偏低的现状对农业信息化的发展形成了阻碍，基础设施虽然很重要，但是要加强农民对农业信息化的了解以及相关知识的培训，才能大幅度提升农业发展水平[16]。

4）农业信息技术的研究

20 世纪 70 年代末，国际就有研究者开始从事农业专家系统的研究，这是农业信息技术的研究步入正轨的一个重要标志。农业专家系统（agriculture expert system，AES）的作用在于集中农业领域中的专家、学者，运用他们所掌握的知识和经验来编写可以为市场主体提供农业信息、建议和有关决策的应用软件。

20 世纪 80 年代中期，很多学者开始把目光转向虚拟农业的研究，这是一种利用信息技术模拟农作物生长、畜禽育种等的模型技术。随着类似的信息技术的不断进步，人们也逐渐意识到，信息技术可以很好地与农业生产结合起来，为农业服务。M. A. Tomaszewskia 等分析并建立了奶牛场应用管理信息系统（management information system，MIS），用以进行年产量测算，得到了奶牛场应用管理信息系统对于提高牛奶产量的有效性，证明了信息技术在农产品生产过程中的作用——降低成本，提高生产和管理效率。目前，国外对于农业信息化的研究和应用主要以精确农业为主。

20 世纪 80 年代的精准农业作为一个全新的概念之所以被接受，除了它可以产生利润之外，它还发动了资源管理方面的革新，是应用全球定位系统、地理信息系统、遥感、变率处理技术（variable rate technology，VRT）和决策支持系统（decision suppert system，DSS）等进行田间耕作和管理的一种“处方农业”[17]。Tuomisto 等运用以上技术构建了一个生命周期影响评价系统对农作物的成长进行监控[18]。

5）农业信息化指标与测度的研究

信息化测度理论最早由 Fritz-Marclup 在《美国的知识生产与分配》中所提出，该文提到：马克卢普从宏观上对知识产业在国民生产中所占的比例、知识部门就业人数的比例以及知识部门的收入占国民总收入的比重进行了测算，这些指标的提出有利于学者们对信息资源的作用与贡献进行间接描述。相应地，一整套测算信息经济规模的理论与方法同时提出并得到了应用。

继马克卢普的理论之后，美国信息经济学家波拉特提出了“四分法”，他将社会的基本产业结构由克拉克的三层面拓展为四层面，即农业、工业、服务业、信息业。将信息部门从原来的各国民经济部门中逐一区分出来，然后，将从事信息经济活动的部门按照一定的标准划分为第一信息部门和第二信息部门。信息经济规模量化模型也是在这样的基础上提出来的。这是一套科学的宏观信息经济的定量分析方法，它采用投入—产出比例来进行量化，同时用信息产业国民收入占整个国民收入的比重来表示。这种方法的运用往往需要大量的统计数据，并加之一些经济学的计量方法，该方法的可操作性、推理性和严密性都很强，但是，部门划分的标准不统一导致了这种方法不能全面、准确地刻画社会信息化水平。

1965 年，日本学者小松崎清介针对衡量社会的信息化程度问题提出了信息化指数模型，这个模型中包含社会的信息能力和信息流量这两个变量。该种方法操作简单、可执行力度强，一定程度上弥补了波拉特方法的不足，虽然如此，该种方法对国民经济信息化的作用描述仍不充分。

20 世纪 80 年代初期，美国加利福尼亚大学 Borko 教授和法国学者 Menou 提出了新的测度方法：信息利用潜力指数（information utilization potential，IUP）。该模型的数据处理主要包括：①原始数据标准化处理，去除单位的影响，得到无量纲值；②计算其在不一样的组合方式当中的算术平均值，即生成一系列 IUP 指数[19]。该模型的优点在于能够灵活地用于比较和分析多个国家或地区之间的信息活动状况以及信息利用潜力，但遗憾的是该方法尚未得到广泛运用[20]。

1982 年前后，美国的克里夫特·厄斯（B.K.Eres）利用 49 个变量对 87 个发展中国家的经济发展水平和与其对应的信息活动水平进行了相关性测量的分析，最后以"文字传播总量"、"图书馆"和"技术"这三个主要因子来测度每一个国家的信息活动水平，这三个因子又分别包含多个参数，这样就共同构成了三因子多参数模型[21]。遗憾的是，这种方法目前也未得到广泛应用。

6）政府在农业信息化过程中的作用

关于政府在农业信息化过程中的作用一直是国外学者在进行农业信息化研究时的一个热点话题，Ellis[22]从政府机构对农业信息的定价原则、方法和政策三个方面入手，对政府在农业信息化进程中所起的作用展开了研究。Drury[23]认为农业信息具有公共物品属性，建议政府从财政方面予以支持。

关于政府对农业信息化的作用研究，这几年学者们主要将精力投入在电子政务框架构建方面，Ntaliani 等为农业部提出了一个适合的具有成本效益的移动电子政务框架，指出移动电子政务具有以下特点：①能够使农民随时随地接收信息；②能够提高政府在边远地区的工作效率；③能够节约时效；④有利于信息的及时传送，如发布虫害预报，让农民及时做好防护措施；⑤有利于紧急事件的处理[24]。Ntaliani 等制定的框架，结合组织、管理、技术对电子政务进行评估，有利于电子政务的实施，从而使农民、政府能够更有效、更灵活地运用农业信息[25]。Zhang 等认为，政府主导、行业自助与典型示范这三种形式，对推进农业信息化起到重要的作用，还就政府在农业信息化建设里扮演的角色定位做出了阐述[26]。

7）农业信息化的经济学理论研究

Ghadim 和 Pannell 以需求理论为基础对莱索托农场的经营者和农民展开了调查，试图找到他们在信息需求方面存在的不同[27]。研究结果显示，经营者更加注重有关农业生产、其自身的发展和最新的研究成果与发明等方面的信息。而与经营者不同的是，普通农民关注的是更加具体的信息，如社区教育发展问题、初级产品加工技术等。研究还指出农民购买信息的意愿受到农业信息成本的影响很大，众多农民喜欢的信息传播途径依然是报刊、图书等出版物。

Glass 等对乡村电话公司的成本和收益进行了分析，以此来研究其在为各类客户提供宽带服务过程中的经济效益[28]。Njoku 对居住在尼日利亚拉各斯州的渔民进行了研究，分析他们在信息需求和信息搜寻方面表现出来的各种行为[29]。

2. 国内研究现状

我国关于农业信息技术问题的提出始于 20 世纪 90 年代中后期，21 世纪以来，农业信息技术应用及农业信息化问题受到了广泛的关注。通过在万方数据库中输入下列题名查找，得出表 1-1，反映了我国近几年农业信息技术应用的研究状况。

表 1-1 关于农业信息化研究论文的统计

年份	基本概念和特征	少数民族地区的农业信息化	重要性分析	发展现状	存在的问题	实施对策	与现代化的关系	与工业化的关系	与产业化的关系	技术发展	指标与测评	政府的作用	相关经济学理论
2005	631	1	11	113	177	77	79	11	41	17	1	24	8
2006	526	0	17	115	200	95	67	13	39	23	0	23	3
2007	562	0	6	115	197	92	105	10	33	23	2	34	6
2008	703	0	11	140	205	94	88	13	37	27	1	26	16
2009	492	2	12	113	185	97	64	6	21	33	0	24	4
2010	540	1	9	131	211	90	77	12	34	55	5	22	9
2011	589	4	13	158	228	105	90	6	26	49	3	37	4
2012	573	1	13	133	205	98	83	9	30	47	1	25	2
2013	635	2	14	167	260	108	121	18	33	87	4	25	6
2014	639	1	18	70	248	112	147	16	34	22	7	95	7
2015	636	0	9	54	197	88	156	11	19	20	1	69	3

由表 1-1 可知，2005~2015 年 11 年来关于农业信息化的论文数量是比较多的，可见农业信息技术建设一直是理论界较为关注的问题。论文研究主要呈现出以下特点：①对农业信息化的基本概念和特征等方面的基础性研究一直是学者们最为关心的问题，也是研究成果最多的一个研究方向；②对于农业信息化的发展现状研究相对丰富，对少数民族地区农业信息化发展、农业信息化重要性、农业信息化技术及相关经济学理论四个方面的研究较少，有较大研究空间；③伴随着对于农业信息化发展过程中存在的问题的探讨不断升温，针对这些问题所提出来

的对策分析也逐渐多起来；④对于农业信息化与现代化、工业化和产业化的研究，以及政府在农业信息化发展中所起到的作用的探讨一直保持一个较平稳的发展态势；⑤关于农业信息化的指标确定与测评方式方法的探索仍然比较少，但呈现出上升的趋势。由此，我们可知，虽然关于农业信息化的研究时间不短，研究成果已有很多，且涉及的范围也比较宽泛，但大多是进行定性分析，定量分析较少。研究视角大多是从宏观的角度来探讨农业信息化的发展与实施，而从微观角度进行的具有深度、定量化的分析仍比较少。主要研究内容包括以下几个方面。

1）农业信息技术的研究

从已有文献来看，我国在农业信息技术方面的研究主要是在借鉴国外研究的基础上完善和改进的。

（1）理论方面，丁圣彦介绍了国外精确农业的技术体系与应用研究的进展，阐述了我国农业信息化技术发展的主要方向，同时也对我国农业信息化技术的前景进行了描述[17]。王丹等认为农业信息化技术正面临信息网络全球化，技术由单项化向集成化、高度化和智能化转变[30]。吴亮和金洁回顾了创新扩散理论在农业信息化领域的应用，在对少数民族贫困地区的农业信息化"最后一公里"问题进行调研的基础上，对农业信息化推行 10 年以来存在的问题进行总结，指出了创新扩散理论对农业信息技术推广所具有的典型示范功能，解决了传播渠道并且在一定程度上对信息技术有推广作用[31]。

（2）技术改进方面，马维纲等采用符合 J2EE 规范的高级应用框架（advance application frameworke，AAF），基于 Web 的视角下，建立了在干旱情况下的应急调水仿真系统，模拟应急调水中从沿程水流演进到下游受水区受益的全过程并进行了实例计算，为管理者的调水决策以及补偿措施提供了有效的信息支持[32]。李志斌等建立了基于地理信息系统的耕地预警信息系统，其在地理信息系统平台上融入了预测模型和专家系统，并通过预警模型来判定警度，实现了双重预警的目的，为区域性耕地预警提供了可行的方案[33]。张军等针对农业现场偏远分散、要素复杂、受气候约束操作和管理困难等一系列特点，提出了基于 3G 无线通信技术的智能农业远程监控设计，克服以往方案中的弊端，构建了企业、管理部门、经销商获取农业生产情况的新思路[34]。

2）农业信息化的重要性研究

对农业信息化进行研究不但可以使人们了解农业信息化对农业生产的促进作用，也可以使农民正视其对国民经济所产生的深远影响。农业信息化的重要性主要体现在以下几个方面。

（1）吴庆兰和孙桂玲指出农业信息化是指通过提高农业从业者的素质、掌握劳动就业动态、改善农业就业结构、实现农村劳动力的转移、增加农业从业者收入等一系列有效措施来促进农业发展[35]。从而，胡春晓认为推进农业信息化是加快农业转型、建设现代农业的重要途径[36]。

（2）彭雪峰和向蝶提出信息化的实施能加快农村小康社会实现的步伐，同时也会促进农村教育事业的发展。信息化的实施以农村疾病防控信息系统和农村广播电视"村村通"工程等方式开展建设工作，不仅可以使农村的医疗卫生条件得到改善，还丰富了农民业余文化生活，促进了农村信息化社会的发展[37]。

（3）邱祥阳指出农村信息化能够拉动内需。他认为落后的农村商品流通体系和城乡信息的不对称严重阻碍了农村市场的消费。利用目前已趋向成熟的现代信息技术和现代互联网技术，能有效帮助传统农产品改变其销售模式，有针对性地提高农产品的生产效率，拓宽其交易渠道和客户群体，同时还能促进对交易的反应速度，有效地解决农村在商品流通和消费中的诸多问题[38]。

3）农业信息技术应用及信息化现状研究

软件方面，王敬儒分析了我国农业信息化技术的发展现状[39]。温茵茵和程刚从互联网使用率及网站类型、使用状况进行了分析[40]。王强和曾小红在农业数据资源和网络发展状况方面，通过国内外对比的方式，分析了我国农业信息化现状[41]。廖桂平等从基础设施入手概括性地介绍了湖南省农业信息化现状[42]。李良勇等通过对农业信息技术含义的阐明，对农业信息技术在烟叶生产上的应用现状做简要综述，并指出了农业信息技术在这一领域的发展方向[43]。李卫等应用数据库技术、信息监测与控制技术、多媒体信息发布技术、三维地理信息系统构建与开发技术，开发出集信息收集、数据管理与分析、信息发布与政策决断为一体的保山市现代烟草农业三维信息管理系统[44]。该系统的开发为现代烟草农业建设提供了全面建设成果的展示平台，为政策的制定提供决策依据，现代信息技术的集成应用将成为烟草农业现代化的重要内容。周旺等通过调研湖南石门柑橘产业建设概况，借助新型O2O（在线离线/线上到线下）电子商务模式，探索其在石门柑橘发展中的应用。通过线上线下联动交互的方法，解决了石门柑橘发展中存在的"瓶颈"问题，促进湖南省新农村建设的发展[45]。李章梅等根据云南省最近几年在农村电子商务方面的积极探索、创新和实践，针对云南省农村农产品的自身特点，结合政府的相关政策，借鉴国内其他省份的经验，探究了农产品电子商务扶贫和发展的问题，并就问题提出相应的政策[46]。

硬件方面，陈良玉介绍了2003年我国农业信息整体基础设施的建设状况[47]。李雪和赵文忠阐述了我国农业信息化建设过程中金农工程、村村通工程、农业市场信息服务行动计划的实施状况[48]。包萨日娜通过中日两国的对比，介绍了我国手机在农业中的应用状况[49]。根据中国互联网络信息中心（China Internet Network Information Center，CNNIC）2016年1月发布的第37次互联网调查报告，截至2015年12月底，我国网民中农村人口占比为28.4%，总人数达到6.88亿，由此可知，城乡互联网普及率仍存在较大差距[50]。截至 2015 年 12 月，中国手机上网用户数已达到 6.2 亿，占网民总人数的 90.1%，其中，18.5% 的网民只用手机上网，农村手机上网用户约占总数的 69.2%。

4）农业信息化发展对策的研究

我国农业信息化建设已有 20 多年的历史，但受限于政治、经济等多方制约，信息化建设过程中存在众多问题。

（1）基础设施建设方面。郑远红结合广西地区的实际，适时地提出了建设具有广西少数民族地区特色的现代农业信息化的思路：首先，实施特色现代农业措施方面，应围绕建设现代农业这一目标，重点加强农业基础设施建设投入与人力投入；其次，促进农业和农村可持续发展方面，应加快农业信息化和社会化建设，增强农业的支持力度[51]。刘婕和王江指出云南省基诺族乡目前已建立了新农村建设信息网，但网络利用率不高，并没有达到进村入户，信息闭塞直接影响了经济收入[52]。张晶和赵岩从我国农业信息资源开发的角度进行分析，指出我国农业信息化起步较晚，基础薄弱，农业信息资源的开发没有做到统一规划，缺乏有效的信息供给，这种状况远不能满足我国农业及农村信息化的经济发展要求和市场需求[53]。对于存在的问题建议通过以下措施进行解决：①统一农业信息标准和规范；②开发实用综合数据库；③深层次开发农业信息资源。

（2）农业信息管理。于涌鲲等指出体系内部各成员要素在信息服务成本投入、效益生成及收益分配等各环节还存在资金不足、效益不好、分配不公等诸多问题，使农村信息服务工作难以稳定和可持续地发展[54]。王生生等从技术的角度入手介绍了如何对农业信息进行管理[55]。

（3）信息服务方面。胡志全等指出信息化有区域差异，信息孤岛与网站雷同，他们认为，依靠信息化改善"三农"的工作重点可以归纳为以下几个方面：①农业实用技术信息体系；②生产资料信息体系；③市场供求信息体系；④农产品价格信息体系；⑤农村劳动力技能；⑥素质及继续教育体系；⑦农村教育、文化、医疗、卫生的信息化[56]。

李应博指出农业信息服务体系的"服务主体少、功能单一"[57]。齐力和邓保国在对广东农村进行实地调查的基础上，发现存在信息管理制度混乱、农户素质低、信息服务者素质不高、农民组织化程度低等问题[58]。

5）农业信息化、现代化、产业化、工业化的整合研究

随着第一次、第二次技术革命的发生，欧美等资本主义国家开始进行机械化大生产，从而迈入工业化社会，发展中国家由于工业化发展较慢，都在积极推进本国工业化建设。信息化的出现较晚，是新生事物，但信息化在国民经济中所起的作用却日渐增强。

（1）农业的信息化和现代化。邓威和姚远对深圳南岭村进行的研究表明农业

信息化是农业现代化的根本[59]。高万林等在其研究中分析了农业现代化进程和体系，他们的研究结果表明：学者们总是用同一时期中发达国家农业生产力的最高水平定位该时期农业现代化建设的目标[60]。而农业信息化则代表了当前发达国家农业生产力的发展程度和水平，因此，我国当期的农业现代化的建设目标就是农业信息化，并以此促进农业的产业结构优化，提高经营管理水平，加强农产品的市场竞争力，从而以农业信息化的发展拉动农业现代化的实现。

（2）农业的信息化和产业化。王文强在其研究中指出国家要实现农业现代化的伟大目标，农业产业化是一个关键，因此政府需要对农业信息化的推进进行宏观调控，同时，农业信息化的发展反过来也为政府提供了便捷而高效的宏观管理模式。农业信息化使得农业的调控方式在宏观层面上发生了改变，站在政府的角度来看，农业信息化推进了农业产业化的进程[61]。卢光明认为要保证农业信息化的实现，就必须以一定程度的农业产业化作为前提，他指出只有在一定程度的产业化基础上才有可能实施信息化[62]。

（3）农业的信息化和工业化。更多的学者强调的是信息化带动工业化，马云泽则把农业信息化与工业的关联融入农业现代化发展中进行简述[63]。翟书斌的论述从农业信息化影响农村新工业化和现代化的因素出发，重点关注了其制约因素[64]。

综上所述，农业信息化促进了农业产业化的发展，而农业产业化又必须以其信息化为基础。国内学者很少对农业信息化与现代化、产业化、工业化之间的关联性进行研究，且定性研究远多于定量研究。关于四者之间的关系，可以概括为：农业工业化是信息化、现代化、产业化的基础，而农业产业化反过来促进了信息化的发展，同时也加速了农业现代化的实现。

6）农业信息化指标的测度

我国农业信息化指标以及指标测度主要涵盖以下两个方面的内容。

（1）信息化评价指标体系。根据经济发展水平和信息化发展水平，在国务院信息化工作领导小组的组织下，中国政府出台了《国家信息化"九五"规划和2010年远景规划纲要》，根据信息化综合测评模型，考虑我国国情，基于信息化指数法的做法，对关系经济和社会生活的各个指标进行了认真的分析并从中筛选，国家信息化指标体系得以制定。目前我国有些学者在对地方农业信息化进行评价时，主要以信息化指数模型为模板结合当地实际情况对具体地方进行农业信息化评价。

张喜才等提出构建北京市农村信息化评价指标体系[65]；信丽媛等根据天津信息化建设现状提出了5个一级指标和20个二级指标组成的评价体系，对天津的农业信息化进行了评价[66]。

（2）波拉特方法。有一些学者的论文直接用波拉特方法进行信息化的测度。例如，王爽英和童泽霞运用波拉特法测算出了2000～2004年我国的农业信息化水平[67]。李思对四川省阿坝藏族羌族自治州、甘孜藏族自治州、凉山彝族自治州三州少数民族地区农业信息化水平进行了评价，得出如下结论：2005年后，国家对于"三州"少数民族地区基础设施建设投入加大，同时，九年义务教育免收学费政策使"三州"农业信息化水平快速发展，即使如此，较其他州而言，3个州的农业信息化水平仍然较低[68]。于淑敏和朱玉春结合我国农业信息化的发展现状，以波拉特方法为基础，设计出了适合我国农业信息化水平测度的方法体系，据此模型，运用1998～2008年农业信息化数据，对我国1998～2008年的农业信息化水平进行了测度[69]。

7）政府在农业信息技术应用中的作用

要实现农业信息化，就必须有健全的基础设施，需要具有相关管理能力的技术人员，需要提高农民的文化水平、不断地开发新技术等。而要让这一切顺利实施，就必须有政府作为强有力的后盾，使农业信息化有效实施。政府的作用主要通过以下两方面得以发挥。

（1）政府投资。刘琳等采用了比较分析法和图解法对政府投资作用进行了研究，结果表明：在农业信息化投资中，政府的作用主要体现在基于一个用户的支撑和调节作用；政府一方面要加大总体投入，另一方面要向落后地区倾斜，以达到促进国家农业信息化整体发展的目标；此外，政府信息的发布制度以及标准化建设，要尽量充分利用传统媒体的优势，对信息化队伍建设的投资要有目标性，主要体现为提高农业信息化从业人员的素质[70]。

（2）电子政务。关于政府对农业信息化的作用研究，目前主要集中在电子政务这一块。

曾峰指出电子政务具有以下作用：①向社会发布农业信息；②网上交易；③信息查询功能；④提供拨入服务；⑤建立电子邮件系统等[71]。王娟等指出，农村电子政务网站对于新农村建设具有三层意义：其一，电子政务的建设有效地带动了农业信息化的进程，同时也促进了传统农业的重构和加快了农业产业化、现代化前进的步伐。其二，"农村政务管理系统"的建立能有效转变政府的职能，增加农民的知情权，从而扩大农村基层民主的边界。其三，电子政务可以促进乡村文明的建设，能加强社会主义先进文化在农村的传播，并通过先进文化的传播来更好地为农民提供农村公共文化信息服务[72]。

8）农业信息化的经济学理论研究

农业信息化的经济学理论研究主要可以从以下几个方面来进行。

（1）需求与供给关系分析。罗文芳从需求与供给角度出发，分析了农经网服务"三农"的经济学效益[73]。雷娜等首次通过农户信息服务支付能力的ELES模型和支付意愿的Logit模型，用实证分析的方法研究了影响农户信息服务支付能力强弱和支付意愿的因素[74]。张喜才等以经济学的视角来讨论农村信息化的需求与供给问题，指出农村信息化需求必须满足五个特点：低成本；有效益；适合农户、农业和农村发展；信息化的应用；供给在于以政府为主，政府和农户共同出资，促进市场发展[75]。

（2）运用信息扩散的经济学模型分析。刘丽伟针对我国农业信息化建设现处于农业信息基础设施建设阶段，主要存在区域间发展不平衡、数字鸿沟凸显等特征，运用信息扩散的经济学模型进行研究，发现新的信息传播技术在高低收入者之间扩大数字鸿沟的原因，并据此模型得出相应的政策含义[76]。

（3）农业信息化与农业经济增长关系之间的研究。贾善刚对农业信息化的概念进行了阐述，并指出农业信息化对农业经济的增长影响深远，指出了农业信息化趋势的必然性[77]。赵启然通过实证分析估计出信息投入量对我国农业经济增长的弹性系数值为 0.64[78]；邓培军和陈一智通过对 2003～2007 年的数据进行实证分析检验，总结出农业信息化对农村经济增长显著的正向促进作用[79]。

1.3.3 国内外研究及发展现状评述

对于农业信息技术应用的研究，无数学者进行了大量的卓有成效的研究，已有的研究成果有利于进一步研究农业信息化的发展，从总体来看，相关的研究可以归纳如下。

国外对农业信息技术研究较早，无论是理论上还是实践上都较我国而言更成熟，目前国外研究具有以下特点：①主要在精准农业的基础上，研究如何降低成本，如何更有效地进行农作物管理。②研究的切入点较细，主要是针对农业信息化过程中某一个问题进行详细的实证分析。③国外关于农业信息技术的研究很全面，涉及众多领域；但是，大多数研究主要是在理论基础上进行构建模型，并没有在实践中得到论证。例如，Ntaliani 的电子政务框架的构建就并没有得到证实，这也成为阻止农业信息化研究进一步完善的障碍。

随着国家政策支持力度的增加以及科学技术的发展，我国关于农业信息技术应用的研究也取得了一定的成绩，但是研究力度仍然不够：①基础理论性研究明显滞后；②文章多为经验总结性的，理论研究和创新性的较少；③文章研究对象以国家、省份农业信息技术应用为主，研究地方特征的少；④定性研究多，定量研究少。许多论文都只是浅显地探析了问题产生的表面原因，并没有对其进行深入探讨。例如，农业信息化存在哪些问题，产生这些问题的共同因素是什么；导致农业信息化发展缓慢的主要原因是什么，地方特色是否导致每一个地方的主要原因不同；如何提升农业信息化测量的准确性，等等。

1.4　信息技术在云南少数民族地区农业应用

研究的内容和方法

1.4.1　研究内容

要有效地推进云南少数民族地区的农业信息技术应用，必须先了解云南少数民族地区农业信息技术的发展现状，根据其实际情况制定相应的农业信息技术水平评价体系并进行需求分析，重点分析制约云南少数民族地区农业信息化发展的因素以及其发展重点，从而为云南少数民族地区农业信息化健康、快速发展提出相应的对策。本书的主要研究内容如下。

（1）从云南省农业信息技术总体发展状况入手，介绍了云南少数民族地区农业信息技术应用的现状。依次对楚雄彝族自治州、红河哈尼族彝族自治州、文山壮族苗族自治州、西双版纳傣族自治州、大理白族自治州、德宏傣族景颇族自治州、怒江傈僳族自治州、迪庆藏族自治州进行了详细介绍。

（2）从云南少数民族地区信息评价体系的构建理论依据、目的、原则出发，构建了适合云南少数民族地区的信息评价体系，并对评价结果利用主成分分析法进行深入探讨。

（3）对于云南少数民族地区农业信息技术的需求和供给的分析，指出需求与供给存在的主要矛盾。从制度、主体和技术三个角度分析了云南少数民族农业信息技术应用发展的制约因素。

（4）根据农业信息技术应用发展原则及目标，重点从基础设施建设、信息资源建设、信息开发应用等方面进行了阐述。并从政府、信息、人才、农民角度，提出了云南少数民族地区农业信息技术应用发展应采取的对策措施。

1.4.2　研究方法

本书利用管理学、统计学等学科的知识，综合利用多种研究方法，力求做到理论与实践的统一，主要的研究方法如下。

1. 文献研究法

文献研究法在本书中主要用在对农业信息技术应用发展的相关二手资料进行收集、归纳、整理、鉴别、分类等，并在对这些资料进行分析和研究的基础上，形成对事物的科学认识和研究方法。本书针对农业信息技术及农业信息化的基本概念、信息技术与农业的关系、现代化农业的发展、云南少数民族地区农业经济的发展等相关文献资料进行了深入的研究，大量参考吸收了他人研究成果。在本书的写作中，参考借鉴了这些研究成果，从而对要研究的问题具有一个初步、系统的了解，由此设计了调查问卷并参考他人的评价体系，针对云南少数民族地区构建了相对应的评价体系，这一方法为本课题的研究节约了大量的时间和成本。

2. 问卷调查法

为了更加详细地了解到云南少数民族地区农业信息技术应用发展的状况，避免出现数据真实度偏低的状况，通过网络、电话两种调查方法分别对云南省 6 个地区进行数据调查。其中对少数民族人口较多的红河、文山、西双版纳、大理 4 个少数民族自治州采用了实地问卷调查法，了解当地农业信息技术应用发展状况。

3. 定量分析法

运用 SPSS 统计软件中的因子分析、相关检验和多元回归分析等方法对收集到的一手数据和二手数据进行整理、归类和分析，对建立的模型进行验证。尽量减少误差的产生，从而能够准确地找出相关的因素，形成具有针对性的解决措施。

1.4.3　技术路线

本书研究技术路线如图 1-1 所示。

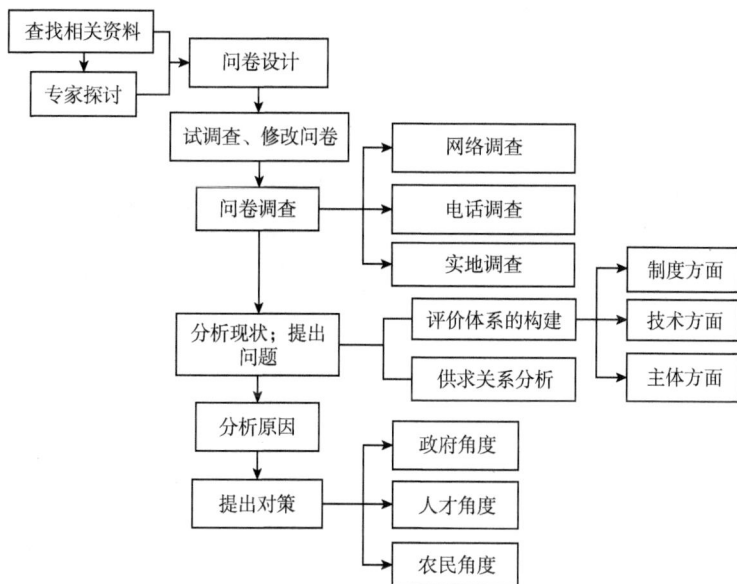

图 1-1　本书研究技术路线

1.4.4　创新点

（1）目前，关于云南省农业信息技术及信息化的研究较少，且多为定性分析，本书运用定性分析和定量分析，较为全面、系统地进行了研究。

（2）由文献评述可知，目前国内关于具有地方特色的农业信息技术应用研究较少，而云南省地势复杂，地区之间存在气候、地形等差异，作为一个多民族的省份，各民族之间文化、风俗习惯也存在差异性，因此，对云南少数民族地区农业信息技术应用发展的研究能够丰富这一部分的研究内容。

（3）本书在借鉴他人的研究经验的前提下，全面深入地了解了云南少数民族地区农业信息技术应用发展的现状，具有针对性地建立了一套相适应的信息评价体系，并提出了一系列解决措施。本书在理论基础上构建了模型，并运用到实践中，本书的研究较完善，实现了理论与实践的结合。

第 2 章 云南少数民族地区农业信息技术应用发展概况

随着网络基础设施的不断完善、网络信息工作组织体系的进一步完备和网络信息工作队伍的不断充实，云南省建成了统一规划和管理、分级实施的具有特色的信息管理模式，完善了农业信息基础设施、人才队伍、服务体系等的建设，为农业信息技术在农业发展中真正发挥作用奠定了良好的基础。

2.1 云南省农业信息技术总体应用发展现状

2.1.1 农业信息基础设施建设

在当前农民还不具备较高的信息消费能力、农业农村信息化市场也不具备较完善的运作机制的形势下，要推进农业农村信息技术建设仍然必须坚持以政府为主导的方式。2007 年起云南省共投入资金 1.49 亿元启动"数字乡村"工程和金农工程建设工作，在这项工作中全省共建成了 1 494 个"数字乡村"网站集群以及14 万个村级网页，基本上搭建起一个从上到下垂直联动和协作的农村信息服务平台。此项工作的实施是云南省农业农村信息化进程中的里程碑，标志着云南省农村信息化基础设施的根本性改变。此项工程历时 5 年，分三期以阶梯状逐年推进和深入，具体建设情况统计见表 2-1。

表 2-1　云南省"数字乡村"和金农工程建设情况统计

时间	建设内容	数量/个
第一期	省级农业数据中心	1
第二期	应用支撑平台 农业科技体系服务系统 农业数据采集系统	各 1
第三期	县级信息服务平台	103
	乡镇农业综合信息服务站	420

续表

时间	建设内容	数量/个
第三期	省级监管机构	6
	农业信息采集点	57
	批发市场价格信息采集点	10

资料来源：调研数据，调研时间 2013 年 11 月 8 日

通过这两个工程的建设，截至 2012 年，全省用于农业信息化的设备和器材有了显著的增长和变化，具体情况统计见表 2-2。

表 2-2　云南省"数字乡村"和金农工程新增设备情况统计

名称	原有数量	目前数量
计算机/台	3 376	6 297
服务器/台	46	212
数码相机/部		2 328
摄像机/部		675
打印机/台		1 843
信息中心存储设备/TB	10	60
农网传输速度/M	10	100

资料来源：调研数据，调研时间 2013 年 11 月 8 日

2.1.2　农业信息队伍建设

信息化对于云南省农业部门来说是一项新的任务和挑战，要保证信息化建设工作的顺利开展就必须建立有力的组织保障体系，将农业信息队伍建设提到与基础设施建设等方面同等重要的位置。经过多年的努力，全省不论是信息工作机构的数量还是专、兼职信息工作人员的数量都有了突飞猛进的进展，并得到了各级部门的表彰和认可，不少服务站和信息员分别获得"全国先进农村综合信息服务站"称号和"全国优秀农村信息员"称号。具体情况统计见表 2-3。

表 2-3　云南省农业信息队伍建设情况统计

内容	数量或比例
成立了专门的信息工作机构的州市	80%
配备了信息员的乡镇	70%
农业信息工作人员	759 名
农村信息员	4 067 名

续表

内容	数量或比例
信息技术培训班	2 400 多期
参加各类培训的人数	19.3 万

资料来源：调研数据，调研时间 2013 年 11 月 8 日

2.1.3　农村信息服务体系建设

随着网络基础设施的不断完善、网络信息工作组织体系的进一步完备和网络信息工作队伍的不断充实，云南省建成了统一规划和管理、分级实施的具有特色的信息管理模式，为农业农村信息服务体系平台真正在农业发展中发挥作用奠定了良好的基础，也为云南省将云南农业信息网建成内容丰富、形式多样、实用性强、接受度高、利用率好、权威性强、时效性强、监管严格、安全放心的网站，真正实现其成为服务"三农"的"百科全书"和"活字典"的目标提供了有力的保障。在这一目标的指引下，云南农业信息网的作用也日益表现突出，并得到了各级部门的表彰和奖励，如 "推进中国城乡数字化进程杰出贡献奖""中国数字化创新人物奖""中国数字化创新管理奖""全国村庄信息化建设先进单位"等。云南省农业信息化网站信息服务的具体变化见表 2-4。

表 2-4　云南省农业信息化网站信息服务的具体变化

内容	原有数量	目前数量
农业信息网站全年平均发布的信息量	不足 10 万条	50 余万条
网站的年总访问量	100 万人次	5 000 万人次
数字乡村网站群信息发布量	160 万条	222 万条
数字乡村网站的访问量	299 万人次	2 583 万人次
在全国省级农业门户网站评价中的排名	第 9 名	第 6 名

资料来源：调研数据，调研时间 2013 年 11 月 8 日

除此以外，农业部门还积极与各大电信运营商开展深入合作，根据农业信息传播的特点开通了"12316"农业公益服务热线，搭建"三农"信息无缝覆盖系统和"农信通""农业新时空"等服务平台。农业部门每个季度都按照网站考核体系，对各级网站进行考核和排名，并将考核结果公开，以此来对优秀者进行表彰奖励，同时也提供了一个共同学习和交流的平台。

2.1.4　农业信息服务模式建设

目前，农村对于信息的需求体现出多元化的特点，这就要求云南省在充分考

虑云南省"三农"实际情况的基础上，有针对性地开发和利用信息网络，不断从功能、形式、内容等层面创新信息服务的模式，以实现服务质量的提升。具体做法有以下几个方面。

（1）以"三农"科技信息服务为根本。科技的发展和普及与农业生产和发展密切相关，因此为农民及时有效地提供种植、养殖、加工等方面的农业科技信息，帮助农民科学生产，以有效体现出农业信息化服务"三农"的本质。

（2）以政策法规信息服务为保障。党中央国务院和省委省政府关于"三农"的大政方针、惠农政策等是农民安居乐业、生产丰收的政策保障。法律法规是维护农民合法权益的基础。因此，农业信息化只有充分体现出这两个方面的信息服务的重要性，才能更好地体现其服务农民、维护农民利益的功能。

（3）以农产品供求信息服务为动力。供销问题一直是农产品生产和流通过程中备受关注的大问题，因此，农业信息网站要充分发挥其覆盖面广、传播速度快等特点，在生产地与市场之间搭建起一座信息交流的平台。

（4）以大力推动电子政务管理为契机。电子政府管理系统的建成能进一步实现管理与实践的对接，对农业信息化和现代化的实现有推动作用。

云南省农业信息服务体系内容统计见表 2-5。

表 2-5　云南省农业信息服务体系内容统计

内容	信息数量/条	受众数量/万
市场信息	4 922	17.6
科技信息	11 597	6
政策法规信息	71	4.1

资料来源：调研数据，调研时间 2013 年 11 月 8 日

同时，结合云南省农村分布较为分散的实际，切实处理好农业信息"进村入户，最后一公里"的传播问题，进一步加强信息化服务，云南省农业科学院、新华社云南分社和中国移动云南分公司紧密合作，共同构建了"云南农村信息化扶贫暨农信通专家咨询服务平台"，该平台以广泛普及的手机作为信息传播的终端，通过短信、语音等较为方便、简洁的形式，在全省范围内为农民免费提供农业政策、农产品市场、种植、养殖、新品种新技术、病虫害防治、畜牧兽医、气象及灾情预报等农业实用信息。

虽然云南省在农业农村信息化的建设中取得了一定的成效，但与发达国家和地区相比，仍然存在较大的差距。因此，必须根据云南省的实际，按照农业部的总体部署和要求，进一步强化基础设施建设，创新农业信息化的模式和信息化服务的体系，加快培养信息化人才的步伐，进而推动云南省农业农村信息化合理、有序地发展。

2.2 云南少数民族地区农业信息技术应用发展现状

为了进一步全面掌握云南少数民族地区农业信息技术应用发展的现状，研究选取了楚雄彝族自治州、红河哈尼族彝族自治州、文山壮族苗族自治州、大理白族自治州、怒江傈僳族自治州 5 个少数民族聚居区作为调查对象，对地区基本情况、农业信息化现状（电话、互联网发展情况）、农业信息需求和信息媒介使用情况以及农业信息供给与运用手段等方面进行了调研分析，进而找出农业信息技术应用发展在云南各少数民族地区存在的问题。

2.2.1 楚雄彝族自治州

楚雄彝族自治州基本情况统计见表 2-6。

表 2-6 楚雄彝族自治州基本情况统计

项目	内容	备注
地理位置	东经 100°43′~102°32′，北纬 24°13′~26°30′	
相邻地区	大理白族自治州 普洱市 玉溪市 四川省攀枝花市 四川省凉山彝族自治州丽江市	
所辖县市	楚雄市、南华县、永仁县、大姚县、姚安县、禄丰县、武定县、元谋县、牟定县、双柏县	
国土面积/耕地面积	28 438 平方千米/547.80 万公顷	
水能蕴藏量	8.01 亿立方米	
森林面积/森林覆盖率	11 924 万亩/62.48%	
矿产种类/占全省矿产总潜在价值比率	11 类/13%	铁、钛、砷、石盐、石膏、芒硝、煤、铜等
草山面积	3 166 万亩	
海拔	556~3 657 米	
年平均气温	17.5℃	
年平均降水量	765 毫米	
适宜种植农作物	水稻、玉米、小麦、蚕豆等	
劳动力人口/占总人口比率	170.17 万/99.94%	基本实现了九年义务教育和基本扫除了青壮年文盲
科技对经济增长的贡献率	37.8%	

资料来源：整理自《楚雄彝族自治州统计年鉴》，2015 年

1. 楚雄彝族自治州农业信息技术应用发展概述

楚雄州农业信息化的发展一方面依托"数字乡村"工程，充分发挥了农业信息助推"三农"的作用；另一方面，受经济社会条件的制约，农业信息化发展存在诸多条件制约。主要表现在以下几个方面。

1）农业信息网络体系初步形成，基础设施不断完善

通过"数字乡村"建设、农业信息网网站群建设、金农工程、农业新时空、"三农"信息无缝覆盖系统等信息服务工程的实施，楚雄州基本上建立起了一个快速高效、上下联动的包含省、州、县、乡、村在内的"五级"农业信息网络体系。全州 121 家农业产业化龙头企业均实现了企业上网，其中的部分企业还建立了自己的网站。至 2009 年，全州为信息服务平台构建配备电脑 349 台、相机 162 台、摄像机 16 台，全州农业信息化基础设施建设得到了进一步完善。

2）"数字乡村"工程持续推进

2007 年 11 月，连接省、州、县（市）、乡、村的信息网络服务体系"数字乡村"工程竣工。全州的 103 个乡（镇）、1 070 个村委会、11 860 个自然村完成了数字化信息平台，"数字乡村"工程建设初步完成。2009 年度完成 1 070 个行政村、11 860 个自然村的文本报表更新，更新信息 4.5 万条。

"数字乡村"网成了楚雄州农村信息的"活字典"。为继续巩固完善"云南数字乡村"工程，推进农村的信息化工作，楚雄州始终把此项工作作为农业部门的重点工作来抓，每年制定目标任务，明确完成时限。通过全州一致努力，目前全州多数县市已完成了更新上传任务。

3）农业信息网建设进展较快

2008 年，州县农业信息网站进行升级改版，楚雄州网站 12 月 18 日正式上线运行，10 个县级网站于 2009 年 3 月 24 日开通。2012 年，在全省农业信息网综合评比中，楚雄州综合排名第四，有 8 个县市排名全省前 30 名。州级网站发布审核各类信息 2.98 万余条，同比增长 27%；上级采用 5 185 条；访问量 600 万，同比增长 23%；独立 IP 访问量达 162 万[①]。农业信息网成为服务"三农"的"百科全书"，全州着力抓信息发布，按照"实效突出、更新及时、信息权威、形式多样、广泛适应、新颖生动、引人入胜、严格监管、安全运行"的总要求，不断丰富网站内容，增强服务功能、完善服务内容、提升服务水平，在全州的努力工作下，楚雄州的网站在全省网站评比中始终处于前列。

4）"三农"信息服务有所突破

2010 年 5 月，楚雄州农业局和中国移动楚雄分公司联合启动了全州"三农"

---

① 云南省农业信息中心. 关于通报全省农业信息网 2012 年测评结果的函（云农信息〔2013〕1 号），2012 县市区农业信息网综合测评情况. http://www.ynagri.gov.cn/news12/20130402/3875445.shtml, 2013-04-02.

信息无缝覆盖系统。组织州、县、乡农业科技人员加入楚雄州农业系统集群网,组建了"楚雄州三农信息服务专家团队",同年11月召开了"三农"信息服务无缝覆盖专家培训会。同时,利用农情调度系统收集、传递、加工和发布农情、灾情、行情等信息,在全州内进行农情信息的沟通,为及时、准确地报送农情信息提供了保证,截至2010年,累计发布各类农情信息206期。农业信息化的发展正向着多元化迈进,"三农通"有效地缩小了农村数字鸿沟,正成为楚雄州宣传惠农政策的新平台、传播农业科技的新渠道、培训农技干部的新阵地和农民朋友致富的好帮手。2012年4月启动至今,全州累计发布各类涉农信息3 500余条,受到广大农民的一致好评。

2. 楚雄彝族自治州农业信息需求和信息媒介使用情况

根据《云南统计年鉴2015》以及《楚雄彝族自治州2015年国民经济和社会发展统计公报》可知,农业信息化是影响楚雄州农业生产总值的重要因素之一,下一步,根据调查问卷,对目前楚雄州少数民族地区农业信息化发展存在的问题进行分析。

1）问卷调查

通过问卷调查和走访调研的形式,课题组共发放200份调查问卷,覆盖到了楚雄州下属10个县（市）,有效回收问卷180份,回收率为90%。调查内容涉及被调查者基本信息、信息化需求、信息获取途径（包括电话、电视、广播、电脑及其他）等方面。

问卷分为4个部分,首先是对被调查者基本情况的了解,包括地址、性别、职业、年龄、月收入等关键性因素;其次是针对信息化需求来进行调查,包括被调查者现有种植面积、种养产品、农产品卖出方式、对农业信息的需求等内容;再次是针对不同的农业信息获取方式来进行调查,分为电话、电视、广播、电脑及其他5个子模块,电话模块中对获取信息的具体方式、获取信息的困难、手机短信和手机上网等新型获取信息的方式进行了调查,电视模块中包括看农业信息频道所花时间、农业信息频道等所播出的农业信息的有效性等内容,广播模块中对农业信息频道、信息传递形式的问题等内容进行了调查,电脑模块中对使用电脑难度、是否愿意进行电脑培训等内容进行了调查。

被调查者覆盖了楚雄州下属的10个县（市）的农民,选取的每个地区都覆盖了经济较为发达、经济发展一般及经济发展较落后的三类地区［根据国内生产总值（gross domestic product,GDP）总量大小划分］,能够基本上反映楚雄州少数民族地区农业信息化的发展状况。

根据调查结果统计,被调查者中男性为105人,女性为75人,两者比例为7:5,两者人数基本上持平,消除了由于性别比例失调给本调查结果带来的影响。

另外，从被调查者的民族情况来看，被调查者中彝族人数为 155，占到总人数的 86.11%，基本上能够反映彝族地区农业的发展情况。从被调查者的年龄分布来看，被调查者主要集中在 20～60 岁，这部分人群是家中的主要劳动力，对于农业信息较为关注。

被调查者的职业主要有农业企业老板（包括中小企业老板）、养殖大户、运销大户、普通农户几种类型。在 180 位被调查者中有 112 位普通农户，占被调查者的 62.22%；17 位运销大户，占被调查者的 9.44%；32 位养殖大户，占被调查者的 17.78%；19 位农业企业老板，占被调查者的 10.56%，如图 2-1 所示。这一比例也与楚雄州农村地区职业分布基本一致，根据《楚雄彝族自治州 2015 年国民经济和社会发展统计公报》可以看出，务农人员比例为 60%～70%，个体工商户比例约为 10%，运销人员不足 10%，养殖人员占 20%左右。

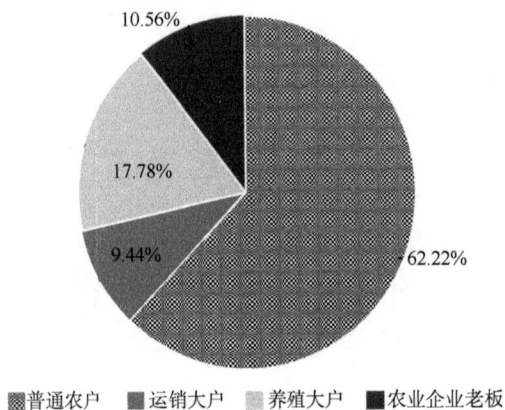

图 2-1　楚雄州少数民族地区被调查对象职业构成

从被调查者的文化程度方面来看，在 180 位被调查者中有 45 人受教育程度为初中，占被调查者的 25%；112 人受教育程度为小学，占被调查者的 62.22%；21 人受教育程度为小学以下，占被调查者的 11.67%；2 人受教育程度为高中及以上，占被调查者的 1.11%，如图 2-2 所示。

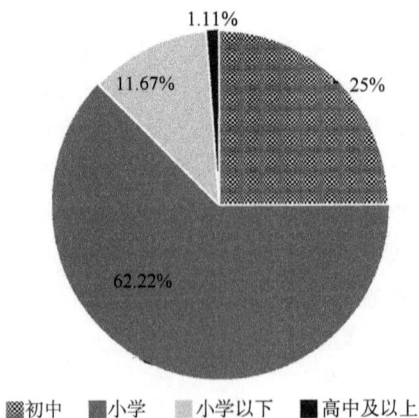

图 2-2　楚雄州少数民族地区农民受教育程度

2）信息化需求情况分析

在信息需求的时间上，如图 2-3 所示，69.14%选择收成季节，60.49%选择有病虫害时，54.32%选择在播种季节，39.50%选择在作物生长季节。

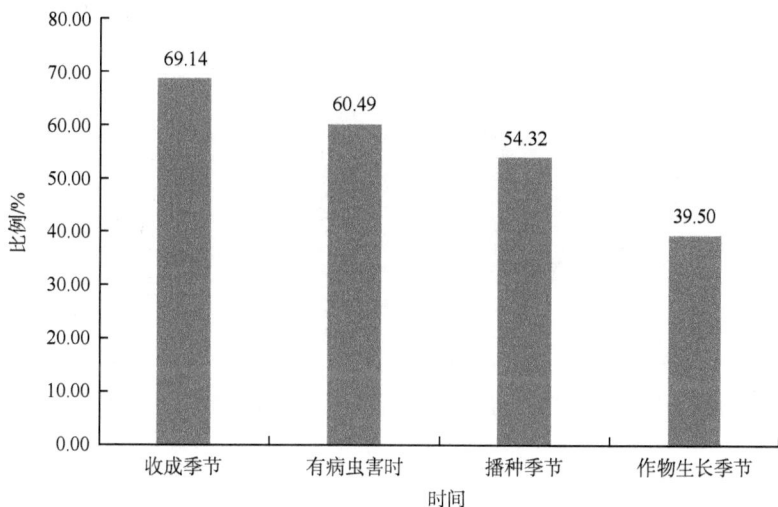

图 2-3　时间上的信息需求

而在信息需求的内容上，如图 2-4 所示，79.01%选择市场价格，54.32%选择病虫害防治，48.15%选择新品种，45.68%选择种植技术，40.74%选择农产品供求，32.10%选择农业气象，24.69%选择政策法规，17.28%选择疫情预报和防范技术。

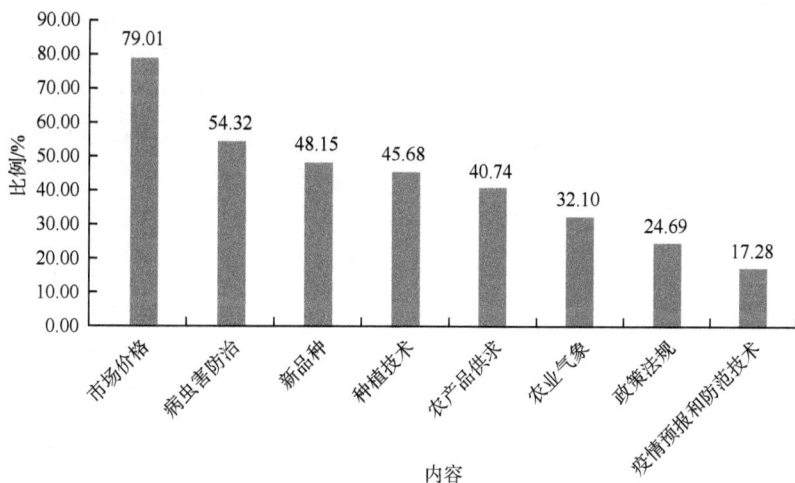

图 2-4　内容上的信息需求

3）信息媒介应用情况分析

在信息获取途径上，如图 2-5 所示，83.52%选择电视，10.78%选择广播，4.51%选择手机，1.19%选择电脑。

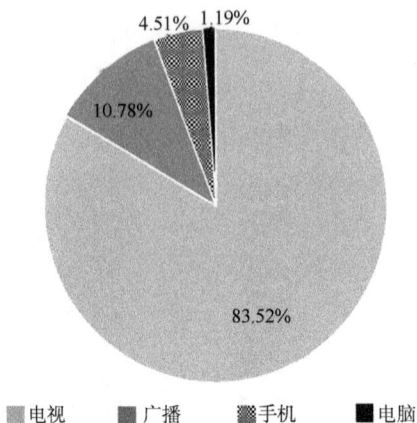

图 2-5　信息获取途径

通过实地调查可以看出整个少数民族地区还是主要通过电视和广播获取农业信息，通过电脑获取信息的比例仅 1.19%。

3. 楚雄彝族自治州农业信息技术应用发展存在的问题

1）农业信息需求与供给矛盾突出

在信息供给方面，楚雄州自上而下建立了完善的信息服务工程，如金农工程、"数字乡村"工程建设、农业新时空、农业信息网网站群建设、"三农"信息服务无缝覆盖系统等，网站更新较为及时，内容丰富涉及农产品供求、农业种植技术及农业政策等内容，在信息网站的建设方面楚雄州在整个云南省名列前茅。但是通过实地调查可以看出整个少数民族地区还是主要通过电视和广播获取农业信息，二者比例共约 94%，通过电脑获取信息的比例仅 1.19%，这就使得政府部门大力投资建设的信息工程并没有很好地满足基层的农业实际需求，信息的供给与农民的需求出现脱节，信息化的投资并未真正惠及广大少数民族地区的农业发展。

出现以上农业信息供给与需求脱节的原因主要是：首先，少数民族地区信息化受地理环境和经济发展的影响，基础设施建设落后，电话和电脑普及率较低。由于信息网络传播滞后，农村离网络还有一定的距离，电脑尚未普及农村尤其是山区的农民群众，这些农民群众还无法使用互联网这种现代化的信息沟通方式。只有少部分离城镇较近、家庭经济条件比较好的农户或者农业企业能上网。而农信通手机短信对字数要求有严格的限制，对适用技术的传播有限。其次，农户通过短信获取的农业信息不是量身定做的，参考价值较低，如种植经济作物的农户接收到养殖方面的信息。再次，支持手机上网的农业信息平台较少，手机上网时，很难寻找到提供专业农业信息的网络平台。最后，不知道信息真伪，对电话获取的信息不能够完全信任，担心信息是假的。

2）网站信息质量不高，信息化建设停留于形式

在农业类网站的信息建设中，网站在栏目设置和内容上相似度高。这些网站大多采用信息员跟随领导下乡考察，通过一手或二手的方式对农业重大活动的图片和文字内容进行采集的形式来采集信息。在内容上，网站上的信息以宣传本地农业、为领导决策服务为主，真正对农民生产产生指导作用、能够促进农业生产力发展的相关信息较少；直接呈现直观现象的信息较多，而进行深入分析，对领导决策及农民生产决策具有影响的信息较少。同时，受困于有限的市场调查经费和合理的管理机制的缺乏，信息更新的速度远远落后于市场变化的速度，因此导致所发布的市场供求信息由于缺乏实效性而失去指导性的尴尬局面。另外，网站建设需要相当大的费用支出，且内容单一，因此虽然有各种各样的光盘是用于推广农业适用技术的，但是视频信息通常需要占用很大的存储空间，而网站的容量不足以支持这么大的文件播放，因此这些网站上的视频也常常因为网速太慢，难以打开。即使部分视频可以播放，也会由于播放过程不流畅而不能较好地传递视频信息，最终对网站最大限度地发挥其应有的作用产生了阻碍。

出现这种问题主要有以下原因：一方面，基层政府对于农业信息化方面的认识不够，信息化建设仅仅停留在形式上，经费投入不足。认为网站建设只是简单的上上网、浏览网页，没有考虑到农民对实用技术信息的实际需要，未能站在一个正确的高度看问题，再加上各乡（镇）的通信网络发展较慢，而且发展不平衡，部分领导持有较强的等待和观望的态度，很多时候迫于上级行政命令进行信息化建设，并没有真正认识到信息化对农业生产的重要作用。在建设过程中，必要的管理维护经费得不到保障，使得农业信息化建设加快不了速度，建设质量也无法提高。另一方面，合理的激励和约束机制的欠缺使得管护人员的工作积极性无法被很好地调动起来。而在基层的农业信息化建设中，只建立了相应的规章制度，而没有建立相应的考核激励机制，因此管理人员的工作积极性普遍较低，网站的服务能力也较差。网站的管理人员大多数时候都只是负责把现有的文字和图片简单地上传到网站上，而不能积极自觉地根据农时特点和农民的需求挖掘实用且质量高的信息内容与素材。

3）农业产业经营规模小，信息化要求缓慢

农业信息化和农业产业化是两个互相依赖的部分，农业生产通常是以市场为导向的，在其生产规模较小、自给自足的时候，只能以满足自身的需要作为目的，

这个时候对于信息技术没有太大的需求。而随着农业产业生产的发展和农业化的推进，现代农业生产过程中必然对信息产生更多的需求。但是，在少数民族地区，农业生产经营较为分散，农民承包和种植的土地面积较小，对于生产的投入也不高，就不会形成强烈的信息需求。

通过调查问卷的统计数据可以看出，75.19%的农户种植面积为 1～5 亩，14.61%的农户种植面积为 1 亩以下，8.73%的农户种植面积为 5～10 亩，1.47%的农户种植面积在 20 亩以上。其中近 90%的农户种植面积低于 5 亩，小规模的分散式经营使得少数民族地区农业对信息化的依赖很低，农业生产经营以粗放式经营为主，集约化程度较低，农业信息化的普及程度低。同时，少数民族地区农村工业化水平不高，使得农业产业链发展滞后，农产品深加工环节薄弱，农产品附加值不高，农村中除去农林牧副渔之外的劳动力比重较低，制约了少数民族地区农民增收，限制了农村经济的发展，二者又进一步制约了少数民族地区农业的发展及信息化的需求。

4）农民文化素质有待提高，获取信息技能不熟练

农业信息化下的农业生产要求参与操作和经营的农民具有较高的素质，如农业机械操作、现代农业信息的收集和分析、田间管理等。由农业部发出的《2003—2010 年全国新型农民科技培训规划》中就明确指出：只有农民的科技文化素养提高了，才有利于促进农业增效、农民增加收入以及农产品增强竞争力，这样也有利于农业信息技术的发展。

楚雄州少数民族地区农民的文化素质整体不高。通过对调查问卷的整理，可以看出受教育程度普遍较低。农民的平均受教育年限为 7.18 年，远远低于东部地区 10 年以上，甚至低于全国农民平均受教育水平 7.8 年。较低的受教育水平使得少数民族地区农民获取信息的技能不熟练，问卷中对于短信获取农业信息面临的最大问题有 60%左右的农民选择定制程序复杂，不会使用；使用电脑获取信息有 90%以上的选择困难。在调查中我们发现，几乎全部的农民都有各种各样的农业信息需求，也渴望运用信息化手段掌握种植、养殖、农产品销售和致富等方面的信息，但由于自身的原因，不能够熟练利用手机和电脑等信息化工具了解相关信息。这就制约了信息技术在少数民族地区农业发展中的重要推动作用，使得这一新兴的生产力无法得到有效的开发利用。

综上所述，楚雄州少数民族地区农业信息化在发展中存在这样的一些问题：①少数民族地区基础设施落后，基层政府对信息化的建设重视不够；②现有的信息化建设成就对农民的实际影响不大，造成信息的供给与需求脱节；③少数民族地区农业产业化水平低，主要是小规模分散化的经营方式，对信息的需求不高；④少数民族地区农民文化素质不高，对于信息化工具的使用有一定的局限性，影响了农业信息化在少数民族地区的普及效果。

2.2.2　红河哈尼族彝族自治州

红河哈尼族彝族自治州基本情况统计见表 2-7。

表 2-7　红河哈尼族彝族自治州基本情况统计

项目	内容	备注
地理位置	云南省的东南部	
相邻地区	普洱、曲靖、玉溪、文山、越南老街省	
所辖县市	蒙自市、开远市、个旧市、弥勒县、泸西县、金平县、绿春县、元阳县、河口县、红河县、屏边县、建水县、石屏县	
国土面积/山地面积比率	3.29 万平方千米/88.5%	
海拔	76.4～3074.3 米	

资料来源：整理自《红河哈尼族彝族自治州统计年鉴》，2015 年

1. 红河哈尼族彝族自治州农业信息技术应用发展概述

伴随着全国农业信息化水平的不断提高和进步，红河州农业信息服务体系也有了较为可喜的发展，红河州的农业农村经济总体呈现出较好的增长势头。然而，目前信息化基础的相关设施的覆盖并没有使农业信息化的应用程度大大增强。信息化建设上，截至 2015 年底，红河州有线电视光缆主干线 860 千米，全州广播人口覆盖率达 97.8%，电视人口覆盖率达 98.3%，位列全省前茅；全州固定电话普及率达到 13.97 部/百人；中国移动和中国联通的在网用户达 113.4 万。该州所辖 13 个县市的农业信息网站现在已经全部建设完成，发布的信息总量达 1 472 条，其中总共有 1 459 条已审核信息、1 316 条审核信息，向州级网站提交的信息总量达 529 条，州级采用信息总量为 488 条，采用率 92.2%。目前该网站还在试运行中，随着信息量的增加及信息来源的拓展，还在不断增加相关栏目，各县市农业信息网站的特色将会日益突显。

由表 2-8～表 2-10 可见，红河州通过加强农业以及农村信息基础设施的建设，实施金农工程、"三电合一"等项目，农业和农业信息化工作取得了一定成效：①逐步健全了农业以及农业信息化工作体系。全州部分乡镇建立了提供信息及农业资讯的服务站，部分农业企业、农村合作及中介组织、种养大户、农村经纪人和行政村可以上网传递与查询信息。②农业信息网络体系粗具规模。初步建成了红河农业信息网和相关部门涉农网站。③信息决策的支持能力明显增强。全州农业系统建立了多系统、多层次的信息采集点，初步建立了全州动植物疫病预测预报防治、农业建设项目管理、农业技术推广、农产品网上展厅和农村综合经济数据库等应用系统，并在诸多方面初步建立了一些管理制度及管理办法，如信息采集和发布、农业信息技术培训和推广、应用软件开发等。④农业电子政务建设正

表2-8 2009年第二季度红河州县市农业信息网网站绩效测评日常监测成绩表

测评时段：2009年二季度

填报：红河州农业局信息计划科

序号	网站名称	管辖乡镇个	发布信息			信息上报			上级采用			访问量			独立IP访问量			综合成绩分	排名
			总发布量条	日均发布量条	得分分	信息上报量条	日均上报量条	得分分	信息采用量条	采用率%	得分分	总访问量次	日均访问量次	得分分	访问量次	日均访问量次	得分分		
1	个旧市农业信息网	9	414	0.751	7.51	89	0.161	4.824	87	97.753	15	50 131	549.4	1.099	40 766	446.8	15	43.432 8	1
2	开远市农业信息网	7	116	0.271	2.706	36	0.084	2.509	32	88.889	15	25 428	278.7	0.557	10 531	115.4	5.77	26.542	12
3	蒙自县农业信息网	11	169	0.251	2.508	108	0.16	4.789	104	96.296	15	57 349	628.5	1.257	41 766	457.7	15	38.554 7	3
4	屏边县农业信息网	7	97	0.226	2.262	22	0.051	1.533	22	100	15	100 332	1 100	2.199	67 487	739.6	15	35.994 5	5
5	建水县农业信息网	14	177	0.206	2.064	119	0.138	4.146	104	87.395	15	66 024	723.6	1.447	43 468	476.4	15	37.657 6	4
6	石屏县农业信息网	9	106	0.192	1.923	91	0.164	4.932	89	97.802	15	120 096	1 316	2.632	20 813	228.1	11.4	35.891 8	6
7	弥勒县农业信息网	12	243	0.331	3.306	54	0.073	2.195	54	100	15	14 240	156.1	0.312	63 611	697.1	15	35.813 4	7

续表

序号	网站名称	管辖乡镇/个	发布信息			信息上报			上级采用			访问量			独立 IP 访问量			综合成绩/分	排名
			总发布量/条	日均发布量/条	得分/分	信息上报量/条	日均上报量/条	得分/分	信息采用量/条	采用率/%	得分/分	总访问量/次	日均访问量/次	得分/分	访问量/次	日均访问量/次	得分/分		
8	泸西县农业信息网	8	177	0.361	3.612	128	0.26	7.805	126	98.438	15	88 971	975	1.95	81 765	896.1	15	43.367 2	2
9	元阳县农业信息网	14	97	0.113	1.131	41	0.048	1.429	40	97.561	15	11 341	124.3	0.249	7 262	79.58	3.979	21.787 5	13
10	红河县农业信息网	13	51	0.064	0.641	8	0.01	0.3	8	100	15	18 870	206.8	0.414	63 739	698.5	15	31.354 3	10
11	金平县农业信息网	13	55	0.069	0.691	37	0.046	1.388	33	89.189	15	33 317	365.1	0.73	68 207	747.5	15	32.809 3	9
12	绿春县农业信息网	9	75	0.136	1.361	41	0.074	2.222	33	80.488	15	81 816	896.6	1.793	29 354	321.7	15	35.376	8
13	河口县农业信息网	6	70	0.19	1.905	22	0.06	1.789	22	100	15	97 303	1 066	2.133	14 831	162.5	8.127	28.952 6	11

注: 年工作日: 365 天—104 天(休息日)—11 天(法定节假日)—5 天(自治州假日)=245 天。季运行天数: 365/4=91.25 天/季。季工作日: 245 天÷4 季=61.25 天/季。

表 2-9 2009 年第三季度红河州县市农业信息网网站绩效测评日常监测成绩表

填报：红河州农业局信息计划科

测评时段：2009 年三季度

序号	网站名称	管辖乡镇 个	发布信息			信息上报			上级采用			访问量			独立 IP 访问量			综合成绩分	排名
			总发布量 条	日均发布量 条	得分 分	信息上报量 条	日均上报量 条	得分 分	信息采用量 条	采用率 %	得分 分	总访问量 次	日均访问量 次	得分 分	访问量 次	日均访问量 次	得分 分		
1	个旧市农业信息网	9	410	0.744	7.438	216	0.392	11.76	216	100	15	132 147	1 448	2.896	128 644	1410	15	52.089 1	1
2	开远市农业信息网	7	402	0.938	9.376	171	0.399	11.97	170	99.415	15	2 093	22.94	0.046	1 488	16.31	0.815	37.202 3	7
3	蒙自县农业信息网	11	588	0.873	8.727	228	0.338	10.15	226	99.123	15	18 173	199.2	0.398	16 331	179	8.948	43.226 2	5
4	屏边县农业信息网	7	84	0.196	1.959	40	0.093	2.799	40	100	15	27 980	306.6	0.613	28 114	308.1	15	35.371 3	8
5	建水县农业信息网	14	236	0.275	2.752	131	0.153	4.583	131	100	15	19 362	212.2	0.424	18 253	200	10	32.761 3	10
6	石屏县农业信息网	9	297	0.539	5.388	185	0.336	10.07	185	100	15	18 063	198	0.396	15 352	168.2	8.412	39.263 7	6
7	弥勒县农业信息网	12	528	0.718	7.184	320	0.435	13.06	320	100	15	38 581	422.8	0.846	34301	375.9	15	51.090 5	2

续表

序号	网站名称	管辖乡镇/个	发布信息			信息上报			上级采用			访问量			独立 IP 访问量			综合成绩/分	排名
			总发布量/条	日均发布量/条	得分	信息上报量/条	日均上报量/条	得分	信息采用量/条	采用率/%	得分	总访问量/次	日均访问量/次	得分	访问量/次	日均访问量/次	得分		
8	泸西县农业信息网	8	296	0.604	6.041	204	0.416	12.49	203	99.51	15	40 578	444.7	0.889	31 822	348.7	15	49.42	3
9	元阳县农业信息网	14	453	0.528	5.283	245	0.286	8.571	245	100	15	155 964	1709	3.418	1 413	15.48	0.774	33.046 9	9
10	红河县农业信息网	13	57	0.072	0.716	34	0.043	1.281	34	100	15	14 723	161.3	0.323	14 449	158.3	7.917	25.236 8	13
11	金平县农业信息网	13	179	0.225	2.248	66	0.083	2.487	61	92.424	15	10 983	120.4	0.241	10 688	117.1	5.856	25.831 9	12
12	绿春县农业信息网	9	129	0.234	2.34	75	0.136	4.082	73	97.333	15	11 235	123.1	0.246	11 447	125.4	6.272	27.940 3	11
13	河口县农业信息网	6	239	0.65	6.503	126	0.343	10.29	126	100	15	24 533	268.9	0.538	23 162	253.8	12.69	45.018 3	4

注: 年工作日: 365 天－104 天（休息日）－11 天（法定节假日）－5 天（自治州假日）＝245 天。季工作日: 245 天÷4 季＝61.25 天/季。季运行天数: 365/4＝91.25 天/季

表2-10　2009年第四季度红河州县市农业信息网网站绩效测评日常监测成绩表

填报：红河州农业局信息计划科　　　　　　　　　　　　　　　　　　　　　　测评时段：2009年四季度

序号	网站名称	管辖乡镇/个	发布信息			信息上报			上级采用			访问量			独立IP访问量			综合成绩分	排名
			总发布量/条	日均发布量/条	得分	信息上报量/条	日均上报量/条	得分	信息采用量/条	采用率/%	得分	总访问量/次	日均访问量/次	得分	访问量/次	日均访问量/次	得分		
1	个旧市农业信息网	9	169	0.307	3.066	92	0.167	5.007	92	100	15	243 443	2 668	5.336			15	43.408 3	6
2	开远市农业信息网	7	561	1.308	13.08	272	0.634	19.03	271	99.632	15	14 458	158.4	0.317			14	61.433 5	1
3	蒙自县农业信息网	11	382	0.567	5.67	153	0.227	6.813	153	100	15	39 614	434.1	0.868			15	43.350 6	7
4	屏边县农业信息网	7	165	0.385	3.848	58	0.135	4.058	58	100	15	52 471	575	1.15			15	39.056 8	10
5	建水县农业信息网	14	376	0.438	4.385	230	0.268	8.047	228	99.13	15	28 866	316.3	0.633			15	43.064 2	8
6	石屏县农业信息网	9	375	0.68	6.803	190	0.345	10.34	190	100	15	31 026	340	0.68			15	47.822 9	4
7	弥勒县农业信息网	12	648	0.882	8.816	395	0.537	16.12	393	99.494	15	141 091	1 546	3.092			15	58.031 2	2

续表

序号	网站名称	发布信息				信息上报			上级采用			访问量			独立 IP 访问量			综合成绩分	排名
		管辖乡镇个	总发布量条	日均发布量条	得分分	信息上报量条	日均上报量条	得分分	信息采用量条	采用率%	得分分	总访问量次	日均访问量次	得分分	访问量次	日均访问量次	得分分		
8	泸西县农业信息网	8	280	0.571	5.714	181	0.369	11.08	181	100	15	43 842	480.5	0.961			15	47.756 8	5
9	元阳县农业信息网	14	361	0.421	4.21	214	0.25	7.487	213	99.533	15	372 093	4 078	8.155			15	49.852 3	3
10	红河县农业信息网	13	53	0.067	0.666	25	0.031	0.942	25	100	15	33 334	365.3	0.731			15	32.338 1	13
11	金平县农业信息网	13	124	0.156	1.557	33	0.041	1.243	28	84.848	15	53 387	585.1	1.17			15	33.970 8	12
12	绿春县农业信息网	9	88	0.16	1.596	48	0.087	2.612	47	97.917	15	40 098	439.4	0.879			15	35.087 5	11
13	河口县农业信息网	6	138	0.376	3.755	74	0.201	6.041	74	100	15	22 033	241.5	0.483			15	40.278 8	9

注：年工作日：365 天－104 天（休息日）－11 天（法定节假日）－5 天（自治州假日）＝245 天。季工作日：245 天÷4 季＝61.25 天/季。季运行天数：365/4＝91.25 天/季

在有条不紊地进行。红河州各级农业部门都建有农业信息资源库，对外公开的相关信息通过农业信息网进行发布，与此同时还建立了对外公开栏目，提供了网上办证以及办事指南等一系列便民服务。

自 2009 年 1 月红河农业信息网改版以来，红河州农业局给予了很大的重视，设立了 3 个一级项目，分别是"政务公开"、"服务三农"和"农业资讯"，同时设立有二级栏目 33 个、三级栏目 29 个。主要发布有关农业方面的内容，包括农业科技、快讯、产品供求信息、特色产业、抗灾救灾、产品质量安全、扶贫开发、招商引资以及供需价格等方面的消息，该网站自建立开通以来的 6 个月内，总访问量达 30 余万人次，平均访问量 1 666 人次/日，最高日访问量达 4 000 余人次。截至 2016 年，网站总访问量达 1 500 余万次，发布信息总量达 11.44 万条。目前，红河农业信息网充分显示出了其为农服务的特点，有人浏览了该网站后，联系发布招商引资信息，也有人通过网上浏览招商引资信息，随后与发布人联系进行洽谈。

由图 2-6 和图 2-7 比较可以看出信息发布量和访问量增长趋势不一致。比如元阳县农业信息网的访问量很大，可见农民对信息的需求相对其他各县比较主动，但是元阳县农业信息网的信息发布量相对弥勒、开远要少很多。而弥勒则是

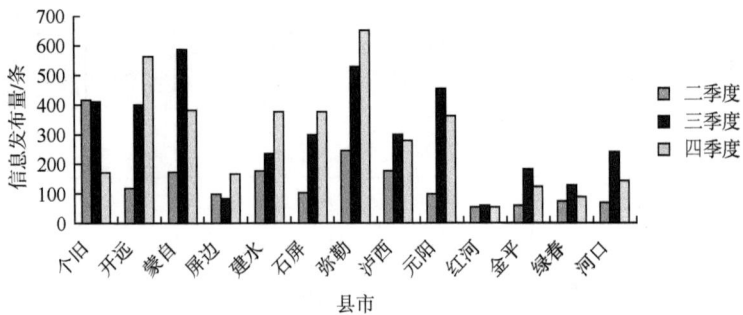

图 2-6　2009 年后三季度红河州各县市农业信息网信息发布量情况

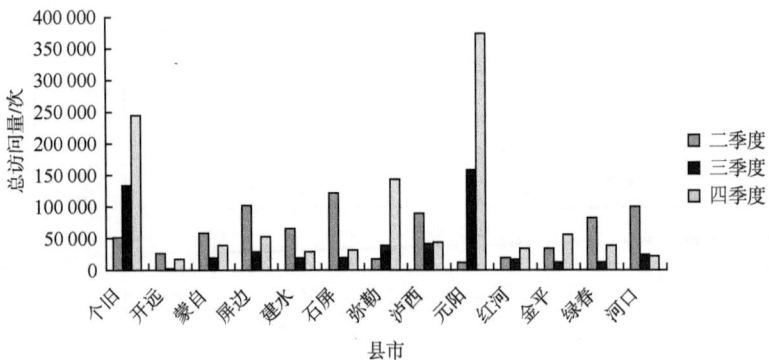

图 2-7　2009 年后三季度红河州各县市农业信息网总访问量情况

信息发布量大，但是信息访问量却很少。可见，红河州的农业信息供给与农民主动获取之间存在很大的不一致性，这样一方面造成了资源的浪费，另一方面也不利于农民及时获取相关信息。

2. 红河哈尼族彝族自治州农业信息需求和信息媒介使用情况

本课题采用问卷调研的方法对红河哈尼族彝族自治州农业信息化使用的基本情况进行调查研究。首先对研究需求进行详细的分析以及分解，进而根据研究需求来设计问卷，包括问题内容设置、问题结构设计、问卷整体设计等方面的内容，然后进入实际调研过程，主要采用传统入户调查的方式，将问卷发放出去，待问卷回收完毕之后，对问卷进行整理统计，并进一步根据统计结果对红河哈尼族彝族自治州农业信息化使用（包括信息需求和信息媒介使用）基本情况进行分析。

1）问卷调查对象基本情况

本次调查发放问卷达 300 份，其中有效问卷 235 份，问卷有效率达到 78.3%。本次调查范围包括红河市区及其下属各县，涉及蒙自县、弥勒县、红河县、石屏县及其下属乡镇等地区。

根据调查结果统计，被调查者中男性为 131 人，女性为 104 人，消除了由于性别比例失调给本调查结果带来的影响。另外从被调查者的民族情况来看，被调查者为哈尼族彝族的人数有 187，占到总人数的 79.6%，基本上能够反映哈尼族彝族地区农业的发展情况。从被调查者的年龄分布来看，被调查者主要集中在25~50 岁，这部分人群是家中的主要劳动力，对于农业信息较为关注。

调查对象的职业主要有农业企业老板（包括中小企业老板）、养殖大户、运销大户、普通农户几种类型。在 235 位被调查者中有 151 位普通农户，占被调查者的64.26%；24 位运销大户，占被调查者的 10.21%；39 位养殖大户，占被调查者的16.60%；21 位农业企业老板，占被调查者的 8.93%，主要构成情况如图 2-8 所示。

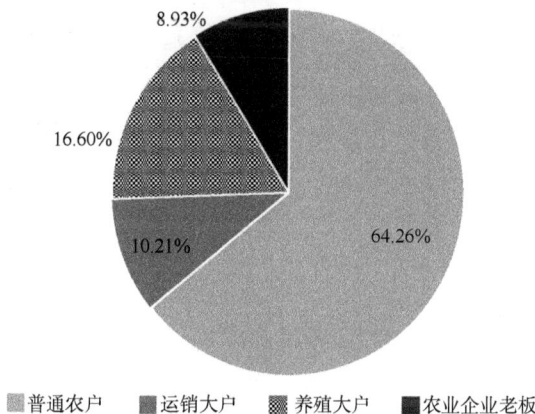

图 2-8　红河哈尼族彝族自治州调查对象职业构成情况

2）信息技术需求情况分析

本次研究主要从三个方面对农民的信息技术需求情况进行调查：一是在农产品快收成时，农民会采取何种方式来卖出自己的农产品；二是农民想要了解农业信息的时间；三是农民最想了解的农业信息是什么。

从调查的基本情况来看，红河州主要的农作物为经济作物，多数农民的种植面积在 10 亩以下。问卷中提到四种农民卖出农产品的方式，分别是：等贩子上门，自己运到市场上卖，将供应信息发布到报纸、电视、网络上以及预先联系人上门收购。其中等贩子上门的农民居多，接近被调查人数的 50%，少部分人是预先联系人上门收购。在被调查人群中，只有少数会在报纸、电视或者网络上发布供应信息，如图 2-9 所示。可以看出，被调查地区的农民推销农产品的方式还是以被动等待为主，等待贩子上门收购自己的农产品。经了解发现，被调查者对于报纸、网络、电视这些媒介的认识度、信任度等存在认知误差。

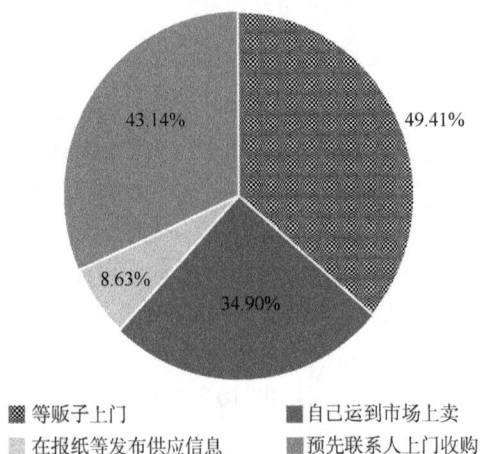

图 2-9　红河哈尼族彝族自治州农产品推销方式

问卷中还对农民最想了解的农业信息类型进行了调查，给出了包括种植技术、病虫害防治、市场价格、新品种、农业气象、农产品供求、疫情预报与防范技术、政策法规这 8 种信息类型。从问卷调查结果来看，超过 2/3 的农民主要关心农产品的供求问题，而对于国家的政策倾向以及法规等只有约 10%的人关注。

此外，该地区的农民最关注的还是收成季节的农作物价格信息，而对于播种、病虫害及作物生长季节的信息关心相对较少，没有意识到质量的重要性。当然农民也希望得到一些种植技术、病虫害防治等方面的信息，但限于成本问题及大环境的影响，他们往往选择随大流。对此政府应该做相应引导，推出试点或者优惠等，提高农民的质量意识，质量提高了，利润才会提高。

　　3）信息媒介应用情况分析

　　在对红河州地区农民的调查中发现，针对电视、电话、广播、电脑四种信息传播媒介的应用情况各有不同，通过电视获取农业信息的人数高达 167，通过电话获取农业信息的人数为 46，通过广播获取农业信息的人数为 14，通过电脑获取农业信息的人数为 18。如图 2-10 所示。

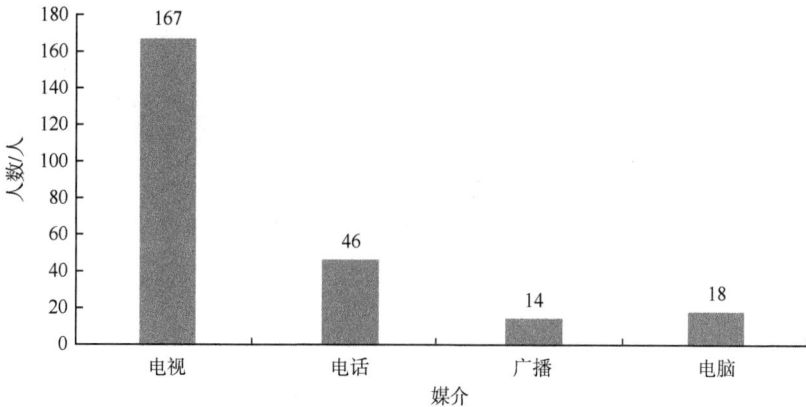

图 2-10　红河哈尼族彝族自治州获取农业信息媒介调查结果

　　对云南红河哈尼族彝族自治州农业信息技术工具应用的调研情况显示，该地区信息媒介的推广应用情况不甚理想。绝大多数家庭获取信息的方式依托于电视，然而电视传播的内容广泛，真正聚焦农业的节目和传递的信息量有限，具体频道也因受到农业内容广泛的限制，播出内容无法同时满足绝大多数农民的需求，很多时候播出的内容未必能够个性化满足农民的需要。通过电话、广播和电脑获取农业信息的家庭相对较少，主要体现出以下四个方面的问题：①当前手机应用普及，移动网络技术的发展和智能手机的出现极大拓宽了移动网络的使用覆盖面，互联网络的运用更加丰富了信息的渠道，但是受到收入水平的限制，很多农民并不愿意承担定制化的手机农业信息咨询服务费用、网络宽带费、移动数据使用费等，更别说购买电脑和智能手机等设备，电脑普及率很低；②即使有智能手机、电脑、网络等能接入互联网的相关设备和工具，受知识水平和认知程度的影响，绝大多数农民并不愿意主动学习移动网络搜索等相关功能，或者有效地在网络的海量信息库中找到真正对自己有价值的信息，主动有效获取信息显得比较困难，更不要说主动在网上发布农业信息；③一直以来，受众广泛的广播，在调查中却被农民普遍反映作用不大，近年来电台广播的主要节目类型也随社会经济的发展发生了变化，收音机能收到的农业信息节目更是有限，广播在农业信息获取方面呈现出的作用不明显；④在网络高速发展的今天，海量网络信息的真伪成为人们普遍关注的问题，农民无法准确辨别信息的真伪。

综合来看，红河哈尼族彝族自治州农民获取农业信息的主要渠道还是依托电视，但是受到节目类型和播出时间、频次的影响，实际上真正能对农业信息获取产生影响和帮助的具体节目并不多。随着网络技术的不断发展，将来农业信息技术获取的渠道不仅更加多样化，同时也应该更加精准高效。要让农民获得有"含金量"的农业信息，必须从基础设施建设、农民对网络相关知识的认知水平入手，同时需要政府加以引导。

3. 红河哈尼族彝族自治州农业信息技术应用发展存在的问题

从调研的实际情况来看，红河州的农业信息化建设尚处于起步阶段，红河州少数民族地区农业信息化发展还存在众多问题有待解决。

1）信息标准体系不完善

在调研过程中，我们走访了负责农业信息化建设的相关部门，了解到相关部门缺乏结合当地实际的信息化建设标准，没有专业的建设队伍，目前开展的农业信息化建设主要是通过各种传统媒介传播农业信息，建立网站，在网站上发布信息，没有相关的专业系统的建设。农业信息采集未达到标准化程度，采集方法不科学，对信息采集的方法未形成一个完善的体系，加之采集的内容较为单一，不能准确、有效地提高信息的采集、分类、整理、统计和发布等工作的效率，难以形成信息增值效应。

2）农业信息网络建设重视不够，应用程度低

红河州的网络建设及硬件设施相对较为滞后，总体建设拖延了较长的周期；同时，缺乏统一、安全和有效的信息交换平台，使得农业信息的发布和传输受到了极大的制约，并对应用服务的成效性也产生了不利的影响。同时，由于没有很好地进行当地的网络信息化建设，没能很好地借助传统的传播途径和资源，农业信息传播只局限在自己封闭的圈子里边，未能实现信息的广泛传播和散布。2001年到2008年的8年间，红河州农业信息化建设的资金投入不足300万元，最高市县仅50万元，最低的才1.5万元。缺乏资金，投入不够，导致了红河州农业信息采集标准化程度低，信息采集体系不完善，还未和州内主要农产品市场、农民专业合作组织、产业化龙头企业、生产营销大户建立起相互对接的信息网络，没有建立起运作规范、反应迅速、覆盖面广的信息采集点。信息传入县乡后，再传输到村入户的"最后一公里"形成了"梗阻"现象。

农业信息化没有引起地方各级政府的高度重视，有的地方甚至表现出被动接受的态度。在农业信息化建设的各阶段中出现"重建设轻维护更新""重网络轻资源""重硬件轻软件""重技术轻管理"等问题。

3）农业信息服务体系不健全，农村基层信息队伍不稳定

全州没有一个专门、完整（功能健全）的机构来为农民提供必要的信息服务和指导。因为州、县两级的农业信息工作的主要内容是以政策指导为主，因此在开展农村信息服务工作时，无法真正实现农业信息化的建设目的。这样一来，乡镇一级的农技服务部门工作人员也缺乏必要的热情和积极性，有的得过且过，有的干脆辞职走人，造成了信息服务的面较窄且及时主动性不够的局面，这些对农业信息的质量和服务水平都具有不利的影响。同时，目前全州农技推广人员结构不尽合理，缺乏既懂农业技术又能掌握信息技能和农业管理的复合型人才，这在很大程度上成为红河州农业信息服务体系发展的"瓶颈"。应当通过培训等方式促进从事农业信息的专职工作人员能力的提升，虽然他们当中的很多人都受过高等教育，但对于信息工作所必须掌握的各项技能，如计算机知识、网络知识等仍然是缺乏的。同时，信息工作人员很多时候都不能对信息做出灵敏的反应，使得信息发布的时效性很差，不能给农民提供及时、有用的信息。而他们所发布的供求信息的有效性较差，信息更新也较少，不能为农民的生产和各级政府进行宏观调控以及产业结构调整提供准确和优质的服务，进而无法给经济效益带来积极影响。

4）农村社会化服务程度低，农业信息服务形式单一

由于红河州农业产业化发展不完善，农业市场机制发育不健全，农村城镇化程度低，严重制约了农村社会化服务的发展，难以从根本上有效地克服农业信息传播的"瓶颈"。同时，红河州农业信息服务功能单一，内容实效性差，不仅缺乏科技咨询和市场服务等主导功能，而且还缺乏农产品网络营销的策略和农业电子商务发展的战略，极大地制约了农业信息的普及和应用。

5）信息网络建设停留于形式，信息资源质量不高

发展农业信息化的关键便是信息资源，目前，州内建有红河州农产品供求信息网、红河州农业信息网和红河新农村建设网（"数字乡村"网），州农业局政府信息公开网等网站，但各个网站各自为营，没有进行很好的资源共享，信息资源缺乏有效的整合，形成一个个信息孤岛。各网站都设有自己的政策法规、科技、价格和供求等栏目，造成了大量的信息重复。在信息发布方面，大多数信息都是综合性的，都只是对信息进行了简单的堆积，而具有专业性并经过精心加工的信息很少；复制转载的多，有地方特色的少；网络利用率差，点击率不高，尤其是在对市场供求信息进行分析及对未来农业经济形势的预测上，缺乏结合红河州自身农业资源的特点，农业信息没有对农民的生产经营产生有效的指导作用。

众多的信息资源未能通过有效的共享实现协同开发和利用。同时，大多数网站上的信息都是以重复性地宣传本地农业和领导的政绩为主，真正可以对农民的生产产生指导作用、反映市场和消费信息的较少；大多数信息只是直观地反映现

象，而进行深入分析，可以协助领导进行政策决策，帮助农民制定生产决策的信息却很少。

2.2.3　文山壮族苗族自治州

文山壮族苗族自治州基本情况统计见表 2-11。

表 2-11　文山壮族苗族自治州基本情况统计

项目	内容	备注
成立时间	1958 年	
相邻地区	红河州 曲靖 越南河江省	
国土面积/山区和半山区比率	31 456 平方千米/97%	
水能蕴藏量	有南盘江、西洋江、盘龙江流经	
民族	11 个	汉、彝、壮、瑶、苗、回、蒙古、傣、白、布依、仡佬
海拔	107~2 991.2 米	
年平均气温	19℃	
年平均降水量	779 毫米	
民族文化节日	壮族的"三月三"、瑶族的"盘王节"、苗族的"踩花山"、白族的"火把节"、彝族的"跳宫节"等	

资料来源：整理自《文山壮族苗族自治州统计年鉴》，2015 年

1. 文山壮族苗族自治州农业信息技术应用发展概述

从技术上来说，农村通信设备以及技术的研制仍然面临诸多困难，阻碍农村通信顺利发展的一大因素便是技术，因此，信息化技术手段的发展及使用情况从一定程度上反映了农业信息化发展的情况。

1）各技术手段的发展情况

（1）语音通信。文山壮族苗族自治州主要由中国移动、中国联通和中国电信三个运营商提供信息化技术支持。在最近几年，中国移动、中国联通、中国电信的网络容量和用户都取得了不错的发展。目前各个运营商已经在最基本的语音通信的功能上开发并提供多种增值信息，如农村致富、娱乐、文化等。通过电话或者短信，农民已经可以了解气象等预报服务，了解种养、储运和加工等操作技术强的实用技术与农业科学，了解国内外重大新闻、农业相关新闻、社会热点、成熟的典型经验，了解本地的政务信息、供求信息和税收等。农民已经逐步认同和接受这样的观念：电话除了可以用来联络感情、问候亲朋好友，还可以了解许多

其他的信息。

（2）数据通信。近年来，云南省各地州市宽带上网业务量逐年增加，电信公司的相关业务在文山壮族苗族自治州也有相对稳定的客户群体。与此同时，电信公司也拓展了在农村地区的网络宽带业务，为农民提供宽带上网服务。网络宽带业务作为一种相对高效便捷的信息渠道，为农民了解农业信息技术，养殖、种植技术等提供了海量的内容和信息。农村电商的发展，也为农民提供了宣传、销售自家农副产品的渠道和平台。通过网络上传相关信息，为农民创收带来新的思路和机遇。

（3）广播电视网络。近几年，广播电视网络在文山壮族苗族自治州也得到了较好的发展，2003～2004 年对农村电网以及闭路电视网络进行了改造，实现了村村通电、村村通闭路电视。目前，中央传递重大政策以及农民收看农业节目的主要途径便是广播电视网络。

2）各技术手段的使用情况

通过问卷调查，了解文山壮族苗族自治州农业信息化的程度及发展状况。共发了 230 份，有效问卷 190 份。在问卷内容中，分别统计了电话、电视、广播、电脑等对文山壮族苗族自治州农业信息化的影响程度。问卷调查的结果显示，该地区通过电话方式了解农业信息的人数为 66，通过电视收看、广播收听、电脑上网方式获取农业信息的人数分别为 48、46 和 3。还有农民选择其他方式如询问亲戚朋友来获取农业的相关信息。由此可知该地区主要是通过电话、电视及亲戚邻居朋友了解农业信息，电脑对农业信息化的影响不是太显著。

在使用电话（固定电话、移动电话）获取农业信息中，大多数人被动获取农业信息，占到所调查人数的 67.5%。他们主要通过相关部门的电话通知获知信息，不会主动询问。阻碍其发展的主要原因是：大多数农民知识水平相对较低、观念意识不强，不会使用现代的手机设备来获取农业信息。

在通过电视获取农业信息的人群中，大多数人经常看电视，也能接收到农业信息频道，有足够的时间看农业信息频道，但调查结果显示，58.3% 的人选择不看农业电视节目。农业频道上的求购信息，对于观看相关农业节目的人群而言，他们大都不会去主动咨询，寻找农产品的销路。调查结果表明，有一半的农民最希望农业信息频道多举办关于农业种植、养殖等相关技术和经验以及病虫防治方面的栏目。

在通过广播（收音机）获取农业信息中，现在的广播台在处理一些紧急事务中发挥作用，如气候灾害、病虫灾害的信息发布受到人们的肯定。不过广播也有其自身的局限性，仅在特定的某个时段播放，信息获取相对不便。

在通过电脑获取农业信息的人群中，他们普遍认为对电脑技术的使用存在困难，这部分人群占到调查人数的 86.7%。而对网络信息信任且愿意将供求信息放置于网站上进行销售的人仅占 1.7%，显然该州农民对网络的信任度不高，也不会主动建立网店来销售自己的农产品。这也反映出，电脑在文山州农民中的应用程度相当低。具体统计情况见表 2-12～表 2-14。

表 2-12　文山壮族苗族自治州各技术手段的应用规模（信息化应用状况）统计（单位：%）

方式	用户人数比例	接受程度	使用频度
电话	31.0	33.0	31.0
广播	19.2	23.0	22.0
电视	35.6	31.0	38.0
电脑	10.3	7.0	9.0
其他	3.9	90.0	70.0

资料来源：调研数据，调研时间 2013 年 12 月 22 日

表 2-13　文山壮族苗族自治州各技术手段应用难度统计（单位：%）

方式	获取难度程度	使用难度程度
电话	32.5	15.8
广播	50.8	39.2
电视	41.6	24.0
电脑	86.7	90.0
其他	9.0	27.0

资料来源：调研数据，调研时间 2013 年 12 月 22 日

表 2-14　文山壮族苗族自治州各技术手段应用满意度统计（单位：%）

方式	信息可信度	使用满意程度
电话	50.0	50.8
广播	56.0	35.0
电视	46.7	45.0
电脑	68.0	77.0
其他	35.0	44.0

资料来源：调研数据，调研时间 2013 年 12 月 22 日

2. 文山壮族苗族自治州农业信息媒介使用情况

对所收集到的数据进行分类和整理，并采用层次分析法（analytic hierarchy process，AHP），分析哪一种信息技术对文山农业信息化的影响程度最大。AHP 是由美国著名运筹学家萨蒂（T. L. Saaty）教授于 20 世纪 70 年代提出来的一种系

统分析方法。这种方法把一个复杂的问题按属性的逻辑关系逐层分解，形成一个层次结构来加以分析，以降低分析问题的难度，并在逐层分解的基础上加以综合，给出复杂问题的求解结果。它是用一定标度对人的主观判断进行客观量化，将定性问题进行半定量分析的一种简单而又实用的多准则评价决策方法。AHP 强调决策者的直觉判断的重要性和决策过程中方案比较的一致性[80]，在分析影响因素等问题中较实用，能较科学和合理地解决这一类问题。本书要解决的就是哪一种信息技术对文山农业信息化的影响程度最大，因此，使用 AHP 对文山州农业信息化影响因素进行分析具有一定的合理性和科学性。下面将按照 AHP 的步骤对研究问题进行目标化分析，以推理出哪一种信息技术对文山州农业信息化的影响程度最大。

（1）建立层次结构，如图 2-11 所示。上、下层之间关系被确定之后，需确定与上层某元素 Z（目标 A 或某个准则 Z）相联系的下层元素（x_1, x_2, …，x_n）各在上层元素 Z 之中所占的比重。方法：每次取 2 个元素，如 x_i, x_j，以 a_{ij} 表示 x_i 和 x_j 对 Z 的影响之比。这里得到的 $A=(a_{ij})n×n$，称为两两比较的判断矩阵。萨蒂建议用 1～9 及其倒数作为标度来确定 a_{ij} 的值，1～9 是比例标度的含义[81]，见表 2-15。

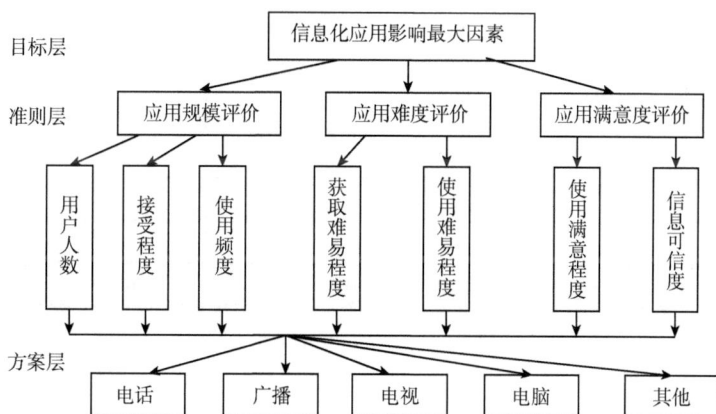

图 2-11　文山农业信息技术影响因素层次结构

表 2-15　RI 值

x_i 比 x_j 强（重要）的程度								
x_i/x_j	相等		稍强		强		很强		绝对强
a_{ij}	1	2	3	4	5	6	7	8	9

（2）构造判断矩阵。通过分析，本例应该建立 4 个判断矩阵，针对目标层，根据准则层各因素对评价目标的贡献，建立 O-U 判断矩阵（表 2-16），对影响因素进行两两比较，建立 U-A 判断矩阵，即 U1-A，U2-A，U3-A，见表 2-16～表 2-19。

表 2-16　O-U 矩阵

准则	U1	U2	U3
U1	1	1/2	1/3
U2	2	1	2/3
U3	3	3/2	1

表 2-17　U1-A 矩阵

准则 U1	A1（电话）	A2（广播）	A3（电视）	A4（电脑）	A5（其他）
A1	1	3/2	1	4	3/5
A2	2/3	1	2/3	5/2	2/5
A3	1	3/2	1	4	3/5
A4	1/4	2/5	1/4	1	1/5
A5	5/3	5/2	5/3	5	1

表 2-18　U2-A 矩阵

准则 U2	A1（电话）	A2（广播）	A3（电视）	A4（电脑）	A5（其他）
A1	1	1/2	2/3	1/3	3/2
A2	2	1	3/2	1/2	5/2
A3	3/2	2/3	1	2/5	2
A4	3	2	2/5	1	5
A5	2/3	2/5	1/2	1/5	1

表 2-19　U3-A 矩阵

准则 U3	A1（电话）	A2（广播）	A3（电视）	A4（电脑）	A5（其他）
A1	1	1	1	3/5	3/2
A2	1	1	1	3/5	6/5
A3	1	1	1	3/5	6/5
A4	5/3	5/3	5/3	1	2
A5	2/3	5/6	5/6	1/2	1

（3）层次单排序（方根法）。

$$\lambda_{\max} = 3$$

$$\text{O-U:}\quad w = \begin{bmatrix} 0.17 \\ 0.33 \\ 0.50 \end{bmatrix} \quad \begin{aligned} &\text{CL} = \frac{\lambda_{\max} - n}{n-1} = 0 \\[6pt] &\text{RI} = 0.58 \\[6pt] &\text{CR} = \frac{\text{CI}}{\text{RI}} = 0 \end{aligned}$$

$$\text{U1-A:}\quad w = \begin{bmatrix} 0.22 \\ 0.15 \\ 0.22 \\ 0.35 \\ 2.03 \end{bmatrix} \quad \begin{aligned} &\lambda_{\max} = 5.008\,958 \\[6pt] &\text{CL} = \frac{\lambda_{\max} - n}{n-1} = 0.002\,23 \\[6pt] &\text{RI} = 1.12 \\[6pt] &\text{CR} = \frac{\text{CI}}{\text{RI}} = 0.002 \end{aligned}$$

$$\text{U2-A:}\quad w = \begin{bmatrix} 0.14 \\ 0.26 \\ 0.19 \\ 0.32 \\ 0.10 \end{bmatrix} \quad \begin{aligned} &\lambda_{\max} = 4.875\,477 \\[6pt] &\text{CL} = \frac{\lambda_{\max} - n}{n-1} = 0.03 \\[6pt] &\text{RI} = 1.12 \\[6pt] &\text{CR} = \frac{\text{CI}}{\text{RI}} = -0.027\,8 \end{aligned}$$

$$\text{U3-A:}\quad w = \begin{bmatrix} 0.19 \\ 0.18 \\ 0.18 \\ 0.30 \\ 0.14 \end{bmatrix} \quad \begin{aligned} &\lambda_{\max} = 5.005\,981 \\[6pt] &\text{CL} = \frac{\lambda_{\max} - n}{n-1} = 0.001\,495 \\[6pt] &\text{RI} = 1.12 \\[6pt] &\text{CR} = \frac{\text{CI}}{\text{RI}} = 0.001\,335 \end{aligned}$$

可见，随机一致性检验 C.R.都小于 0.1，判断矩阵具有令人满意的一致性。

（4）结论。总结见表 2-20。

表 2-20　总结

准则 U	U1	U2	U3	层次总排序
层次 A	0.17	0.33	0.19	—
A1	0.22	0.14	0.18	0.173 6
A2	0.15	0.26	0.18	0.201 3
A3	0.22	0.19	0.30	0.25
A4	0.06	0.32	0.14	0.185 8
A5	0.35	0.10	0.19	0.187 5

通过数据分析可以看出：A3（电视）对文山少数民族地区农业信息化影响最大，说明农业信息来源的主要渠道是电视。相关部门应该从技术、资金投入及政策方面等加大对电视的投入，让文山地区的农民都能够有电视看，能够接收到了解农业信息的相关频道，并办好这些频道，真正使电视在该地区农业信息化建设中发挥作用。通过数据分析，可进一步看出该地区的农业信息化水平不高，没有充分利用现代信息技术手段（电脑、手机、网络）发展该地区的农业。

3. 文山壮族苗族自治州农业信息技术应用发展存在的问题

近年来，文山州通过不断地加强农业及农村信息基础设施建设，实施"三电合一"、金农工程等项目。通过这些努力，文山州的农村信息化工作有了可喜的进步。但农业信息化是一个长期而卓绝的工作，目前仍然存在大量的问题，具体表现如下。

1）供给主体对农村信息技术应用的意识不足

首先，在农村信息化建设过程中，政府没有充分发挥出其应有的作用。政府不但要提供关于农业方面的信息咨询，而且还应当充分发挥市场的调控作用。其次，农村信息站、农业协会组织等各种机构和组织还没有真正发挥出它们应有的作用。最后，农民既是信息的使用者，也是信息的发出者，但是在实际情况中农民反馈较少，没有积极提供行业相关信息。对于信息化建设的认识不到位，农民自身应用信息资源的意识不高。

2）农业信息技术专业人才缺失，信息化建设力不从心

从事农业信息化辅导工作的技术人员素质偏低，该州从事农业生产的农民的文化水平不高，从而对农业信息化的普及产生一定的影响。同时，每百人拥有的计算机数量、电视机数量和电话数量等衡量农村信息化水平的指标都表现较低，这主要是因为文山州人民的实际经济收入和整体素质都普遍偏低。基于此，要想使得农业信息产业朝着健康有序的方向前进，首先从硬件上来说需要政府大量的资金投入，但同时受众素质的高低也是必不可少的影响条件。大多数农民都还没有形成利用信息的习惯和意识，也大多不具备信息的消费能力。因此，不论是计算机网络还是移动通信领域，文山州农村地区所占据的份额都比较少。整个文山州网民总人数、农村网民普及率、农村网民平均每周上网时间等网络使用评价指标都远远落后于其他地州。目前，虽然各地政府都通过不同的方式组建了一支信息员队伍，但是要能做到既懂得信息技术的相关知识、又对农业和农村的工作熟悉的信息员却少之又少。在农业部门工作的很多职工对计算机的基础知识和网络知识很欠缺，对计算机的基本操作也很不熟悉。而数量极少的具备一定的专业素养的农业信息科技人才大都集中在城镇的政府和一些重要的企事业单位中。农村信息化人才的缺乏一直是困扰农村信息化发展进程的一个大问题，加上目前正在

从事信息化工作的人员当中能熟练使用计算机和网络的都为数不多，更不用说对信息进行采集和编辑了，这明显成为农村信息化进程中的"绊脚石"。同时，普通农民群众的信息化基础素质低下的现状也严重阻碍了农村信息化建设进展。农技推广队伍在农村信息服务的过程中发挥着重要的作用，他们的工作旨在为农民提供信息服务。尽管文山州的农技服务人员超过万人，但将这支队伍放到其农业人口总量和信息需求总量这个大背景下，仍显得非常渺小。因此，出现一位信息员要为几百位甚至上千位农民服务的局面也就不足为奇了。

3）信息技术服务及网站建设不到位，功能残缺不全

服务针对性不强，主动性和开创性不够，范围较窄，信息量不够，分析预测的基础数据缺乏，难以实现农业的市场经济发展，难以满足农民对信息的需求。农业信息网站的质量普遍不高，表现为网络基础设施建设有待提高，网页的开发有待进一步完善。虽然文山州已建成了一批有代表性的农业网站，但各个网站各自为营，相互之间的服务标准没有得到统一和规范，没有形成有计划地对资源进行合理配置的意识。同时这些网站还存在两个共性的问题：一是网站信息量少。工作人员少、相关的信息采集制度没有建立等现状，造成了这些网站无力自主进行信息采集，他们只有被动地依赖于别的网站或信息源提供的信息。这样对信息的时效性造成了不小的影响，同时也限制了信息发布的数量。二是各类网站的建设缺乏明确目标、功能类别不齐全。不同的地方在其环境、人文等方面都表现出不同的特征，每个网站所面对的受众及受众的需求也不尽相同。各地虽建立了自己的网站，但对于自己建设网站的目的是什么、将来要如何发展等问题却不是很清楚，具体而言，就是缺乏一个全局性的规划。不能保证网站健全的功能，就很难吸引用户，更谈不上留住用户了。从农业信息网络资源的开发和利用来看，文山州仍然是空缺的，即使有部分已开发的信息网络资源，也未能够很好地体现出文山州的特色。同时，农业信息网络科技人员的开发能力还比较薄弱，封闭现象严重，没能在互相之间形成交流和合作开发的良好机制，规范性也较差。文山州在农业数据库建设方面也缺乏统一的组织安排，体现出数量不够、质量不高、覆盖面不广和利用率不高的特征，造成了严重的资源浪费，不利于提高信息的运行效率和充分体现信息的利用价值。特别是在"瓶颈"由基础网络转向涉农信息资源及应用时，其局限性更加明显。这也成为真正制约农村信息化发展的"瓶颈"，主要表现为两个方面：①有关农业的信息资源所保存的位置较为分散和孤立，资源的开发远远落后于现实的需要；②农村信息服务平台和服务手段都较为落后，信息内容的针对性和实用性不够，信息的发布与收集的渠道未能得到充分的开发和挖掘。

4）财政资金、人力、物力等投入不到位，基础设施建设不全

虽然各级财政与以往相比已加大了在农业和农村信息建设方面的资金投入，

但在网络技术和信息技术飞速发展的今天，仍然存在较大的缺口。各地信息工作的手段大都处于"硬件不硬、软件很软、运行较难"的状况，需要进一步完善，由于日常运行资金的缺乏，一些乡镇信息服务站已无法维持正常的运转。同时，信息采集、分析、处理、开发和发布能力仍比较弱，所需的软件也无法得到满足，这反映出对农业信息网络重视不够和投入不足。重视不够主要体现在：由于文山州的地理位置限制，人们对外界信息的接收不够及时，思想受传统的束缚比较严重，大多数人仍然缺乏强烈的信息意识。甚至有些人简单地将信息化与电脑打字和简单的上网等同起来。投入不足主要表现在：用于农业信息网络建设的资金常常被其他项目所占用，造成了文山州很多地方缺乏完备的农村信息网络基础设施和农业信息网络平台，使得信息的发布和收集受到阻滞与拖延，也导致了农业信息网络技术不能及时地应用和推广。

　　5）农村信息链特别是通信资费相对较高

　　文山州地理地形较为特殊，农业生产方式差异较大，各地区之间表现出来的对信息内容的需求也各不相同。另外，农村信息资源一般都呈现出分散的分布状态，运营企业在进行信息的收集、整合和发布时，主要是通过农村营业网点及各自的农村信息平台，但是从事信息化工作的人员大多缺乏专业的农业知识，因此在筛选、编辑和发布农业信息时常常会出现误判，很难达到预期的效果。信息链的薄弱在电信运营商上表现尤为突出，农村信息化建设成本过高但收入却较低，运营商对建设农村信息化所需的设备与网络的积极性低。除了上述所提到的人员短缺和经费困难外，需求不足是另一个长期困扰农村电信市场发展的重要原因。实践证明，越是商品经济发达的地区越表现出对信息的巨大需求，通信市场也会随之壮大起来。同理，农村的经济发展水平与城市相比相对落后，农民收入普遍低于城市居民，通信的资费相对于他们的收入水平来说是偏高的。而反过来，过高的资费又抑制了农民的通信消费需求。

　　6）城乡一体化进程缓慢

　　未发挥文山州城镇带动农村信息技术应用发展的优势，城乡一体化进程缓慢。文山州的农村信息化依赖于城市信息化的现象较为严重，涉及农业的信息资源都主要由城市提供，受城乡二元结构的体制的约束比较大。而城市当中提供的信息由于缺乏对农村问题的了解，信息的适用度普遍不高，不能更好地满足现实需求。全州农村信息化建设起步晚且基础差，整体水平相对落后。

2.2.4　大理白族自治州

　　大理自古以来就是云南西部茶马古道上的一个重要节点和贸易中心，经过多年的发展，大理已形成了包括多种形态在内的市场相互补充和融合的局面，而这些市场中商品交易的规模仍在不断扩大。近年来，大理的旅游业得到了蓬勃的发展，先后被国务院划为旅游热点城市，被云南省政府列为旅游重点发展城市。大理在国内外游客当中的知名度和认可度也得到了不断提高，相对于工业、农业来说，旅游业已经成为大理州的支柱产业。大理白族自治州基本情况统计见表 2-21。

表 2-21　大理白族自治州基本情况统计

项目	内容	备注
地理位置	云贵高原和横断山脉结合部位	
国土面积	29 459 平方千米	
海拔	730~4 295 米	
境内主要水系	金沙江、怒江、澜沧江、红河（元江）	
境内的主要湖泊	天池、洱海、茈碧湖、东湖、西湖、海西海、青海湖、剑湖	

资料来源：整理自《大理白族自治州统计年鉴》，2015 年

1. 大理白族自治州农业信息技术应用发展概述

要发展农业信息化就必须首先建设好信息基础设施，目前，大理白族自治州主要使用的信息技术手段，包括固定、移动电话，广播电视及农村互联网，信息技术手段的发展及使用情况在一定程度上反映了大理白族自治州的农业信息化发展现状。因此，通过对这三种技术手段的应用情况可以了解大理白族自治州信息基础设施发展现状。

1）固定、移动电话

近年来，大理州的通信事业发展较快，2008 年大理全州实现平均每百户拥有 86 部固定电话，平均每百户拥有 150 部移动电话，移动电话和固定电话分别在上年的基础上新增 32.3 万户和 2.7 万户。开通电话的行政村增加了 119 个，农村通电话普及率达 93%。截至 2015 年末，全年邮电业务总量 688 935 万元，比上年增长 9.60%。其中，邮政业务总量 14 452 万元，增加 17.45%；电信业务总量 674 483 万元，增长 9.45%。

2）广播电视

2009 年 9 月，大理白族自治州漾濞、南涧、巍山 3 个县率先圆满完成了第一批 22 357 套广播电视村村通直播卫星接收设备的建设任务。到 2010 年 11 月，大理白族自治州全州的数字电视用户达到了 25 万，占有线电视用户入网数的 52%，这标志着全州广播电视数字化建设取得了阶段性进展。近 5 年来，为扩大有线电视覆盖面，大理州财政共投入 3.25 亿元，积极推进有线电视数字化整体转换、广播影视技术设备更新改造和数字化进程。截至 2010 年 12 月 9 日，大理州全面完成"十一五"广播电视村村通直播卫星覆盖工程建设任务。"十一五"期间，大理州 12 县市共 4 868 个 20 户以上已通电自然村的广播电视"村村通"工程列入

国家"十一五"村村通直播卫星覆盖工程建设规划。为切实解决广大农民看电视、听广播难的问题,各级财政为项目共投入资金 5 400 多万元,为全州 115 066 户农户免费安装了直播卫星接收设备,并向 8 952 户特困户赠送了电视机。2015 年末,全州广播、电视人口覆盖率分别达到 98.0%和 99.85%。广播发射台 52 座,电视发射台 41 座。2013 年大理州广播电视覆盖情况见表 2-22 和表 2-23。

3)农村互联网

大理州于 2007 年 8 月 8 日在龙山国际会议中心四号厅召开了全州"数字乡村"工程建设工作会议,会议对大理州"数字乡村"工程建设工作进行了安排部署并与 12 个县市签订了工作责任状,要求各县市在当年 12 月底前完成从县到乡、再到村的所有行政区划的网页制作和信息发布工作。截至 2010 年,大理白族自治州完成了 12 个县级网站、111 个乡镇级网站、1 093 个村委会网站、9 042 个自然村委会网站。根据对上半年城镇住户抽样调查资料显示:截至 2010 年 6 月底,家用电脑的数量由 2009 年底的每百户 67 台迅速提升到每百户 73 台。农村电脑普及率低于 73 台/百人。

2. 大理白族自治州农业信息需求和信息媒介使用情况

2013 年 1~3 月在大理镇、银桥镇、下关镇、喜洲镇、湾桥镇、上关镇、挖色镇、凤仪镇、双廊镇、海东镇调查,共发放 120 份问卷;2013 年 3~4 月在宾川县、永平县、弥渡县、祥云县调查,共发放 100 份问卷;2013 年 5 月上旬在洱源县、鹤庆县调查,共发放 80 份问卷。

本次调查的内容主要包括农业信息需求情况和信息媒介使用情况两个方面。调查共发放问卷 300 份,其中有效问卷 255 份,问卷有效率达到 85%。本次调查范围包括大理市区及其下属乡镇,涉及大理镇、银桥镇、下关镇、喜洲镇、凤仪镇、海东镇、湾桥镇、双廊镇、挖色镇、上关镇等乡镇,祥云县、洱源县、宾川县、鹤庆县、永平县、弥渡县等地区。

1)调查对象基本情况统计

调查对象包括大理市(大理古城、下关城区及其周边村镇)、祥云县、洱源县、宾川县、鹤庆县、永平县、弥渡县等地区的农民,选取的地区较具有典型性,能够基本上反映大理白族自治州农业信息化的发展状况。

根据调查结果统计,被调查者中男性为 117 人,女性为 138 人,两者比例为 6:7,两者人数基本上持平,因此消除了由于性别比例失调给本调查结果带来的影响。另外从被调查者的民族情况来看,被调查者为白族的人数有 207,占到总人数的 81.18%,基本上能够反映白族地区农业的发展情况。从被调查者的年龄分布来看,被调查者主要集中在 25~50 岁,这部分人群是家中的主要劳动力,对于农业信息较为关注。

表 2-22　2013 年大理州广播电视人口覆盖率（单位：%）

类型	全州	大理市	漾濞县	祥云县	宾川县	弥渡县	南涧县	巍山县	永平县	云龙县	洱源县	剑川县	鹤庆县
广播人口覆盖率	97	100	92.43	100	99.77	97.91	72.06	92.18	96.95	95.87	74.41	99.36	100
电视人口覆盖率	99.85	100	97.38	98.59	99.35	99.3	99.35	99.09	97.74	99.06	98.38	98.89	99.46

资料来源：《2013 年大理州年鉴》

表 2-23　2013 年大理州广播电视村村通、户户通建设情况（单位：户）

区分	全州	大理市	漾濞县	祥云县	宾川县	弥渡县	南涧县	巍山县	永平县	云龙县	洱源县	剑川县	鹤庆县
村村通建设情况	334 466	18 701	33 402	20 279	15 621	15 343	40 426	30 938	42 816	49 829	23 429	23 969	19 713
户户通建设情况	62 887	1 874	4 347	10 307	2 372	3 308	8 667	8 502	5 559	8 921	3 566	1 264	4 200
第二批户户通建设计划	90 000	1 494	5 670	8 685	1 718	7 092	8 102	9 305	9 571	16 925	6 352	6 686	8 400

资料来源：《2013 年大理州年鉴》

被调查者的职业主要有农业企业老板（包括中小企业老板）、养殖大户、运销大户、普通农户几种类型。在 255 位被访者中有 164 位普通农户，占被调查者的64.31%；29 位运销大户，占被调查者的 11.37%；21 位养殖大户，占被调查者的8.24%；41 位农业企业老板，占被调查者的 16.08%，主要构成情况如图 2-12 所示。

从被调查者的文化程度方面来看，由统计结果可知，在 255 位被调查者中有4 位为小学及以下文化，在总人数中占比为 1.57%；有 101 位为初中文化，在总人数中占比为 39.61%；有 85 位为高中文化，在总人数中占比为 33.33%；拥有大专文化的人数为 47，在总人数中占比为 18.43%；拥有本科或以上文化的被调查者有 18 人，在总人数中占比为 7.06%，如图 2-13 所示。可以看出调查对象中受教育程度以初高中文化程度为主，拥有本科及以上学历的人数较少，这与我国目前农民的受教育程度普遍不高的现象相一致，与很多高学历人才不愿回乡务农的现状相符。

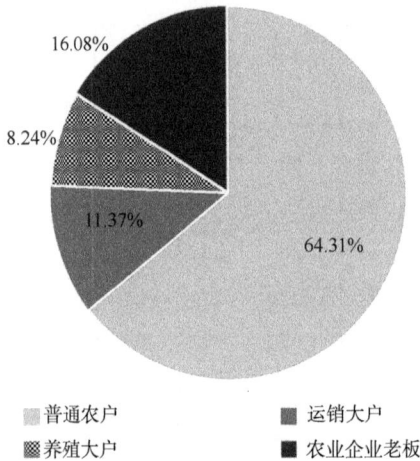

图 2-12　大理州被调查者职业构成　　图 2-13　大理州被调查者受教育程度分布

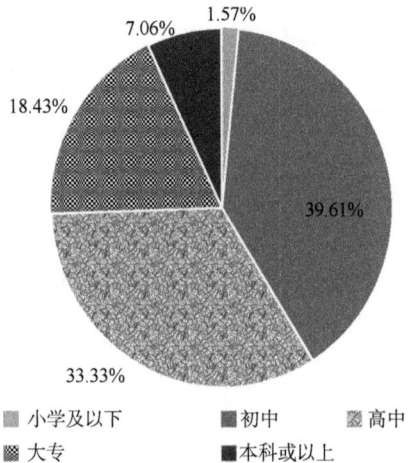

2）农业信息技术需求情况统计

对于农民的信息化需求调查部分主要包括三个方面的内容：一是农产品快收成时，农民会采取何种方式来卖出自己的农产品；二是村民想要了解农业信息的时间；三是农民最想了解的农业信息有哪些。

问卷中提供了四种农民卖出农产品的方式，分别是：等贩子上门，自己运到市场上卖，将供应信息发布到报纸、电视、网络上以及预先联系人上门收购。此题为多选题，255 位被访者中选择了等贩子上门的有 126 人，占总数的 49.41%；选择了自己运到市场上卖的有 89 位，占总数的 34.90%；选择了将供应信息发布到报纸、电视或网络上的有 22 人，占总数的 8.63%；选择了预先联系人上门收购的有 110 人，占总数的 43.14%。从调研结果上看，大理州农民的农产品销售的最主要方式还是被动式等待，一方面是按照习惯和传统，等待经销者上门收购应季产品；另一方面是预先联系经销人员，按照约定上门收购。除了被动式等待上门收购，主要的销售方式是自己运到市场上售卖，这种方式属于主动销售，农民自己掌握售卖的品类和时间，但是严重受到地理位置的限制，销售受众有限。占比最小的是主动在网络、电视和报纸等平台发布供应信息，主要原因是受到农民家庭经济状况、认知水平和对相关平台效果的信任度等影响。

问卷中给出了 4 种农民想要了解农业信息的时间，分别是播种季节、作物生长季节、收成季节及病虫害高发季节，此题中被调查者可以选择多个时间段。从调查结果来看，大多数被调查者（215 位被调查者同时选择了 4 个答案，占比达到 84.3%）同时选择了这 4 个季节，可见大多数农民认为时时掌握农业信息对于农业生产、农产品销售是至关重要的。

问卷中还对农民最想了解的农业信息类型进行了调查，给出了包括种植技术、病虫害防治、新品种介绍、市场价格、农业气象、农产品供求、疫情预报与防范技术、政策法规这 8 种信息类型，题目类型仍然是多选题。从问卷整理的结果来看，占总数 73.26% 的被调查者选择了农产品供求信息，65% 的被调查者选择了市场价格信息；对于种植技术、病虫害防治、新品种介绍、农业气象、疫情预报与防范技术的信息，也有 78.9% 的被调查者选择了其中之一或其中的几项；选择了政策法规这一项的人数只占到 11.7% 左右。

3）信息媒介应用情况统计

在这部分中主要调查了四种信息传播媒介的应用情况，包括电话、电视、广播、电脑（被调查者可根据实际应用情况选择自己获取农业信息的方式）。在被调查者中通过电话获取农业信息的人数为 110，通过电视获取农业信息的人数高达 179，通过广播获取农业信息的人数为 54，通过电脑获取农业信息的人数最少，只有 38。如图 2-14 所示。

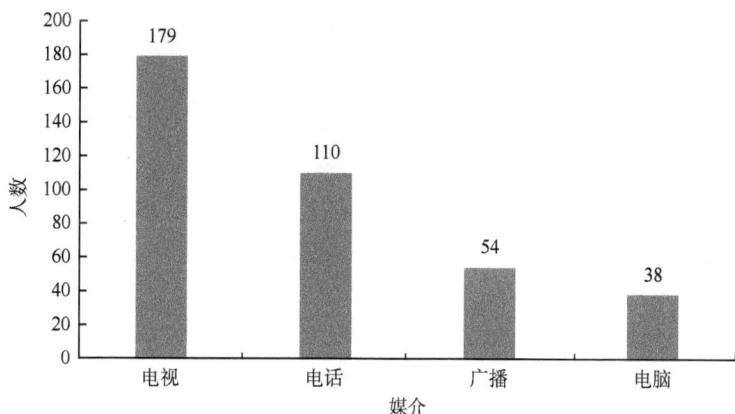

图 2-14　大理州被调查者获取农业信息媒介调查结果

（1）电话。首先是对通过电话获取农业信息的具体方式的调查，分为主动获取和被动获取两个部分，根据调查结果，通过电话主动获取农业信息的有 43 人，占总人数的 39.10%。其中有 26 人选择了主动打电话询问相关部门或单位，占总人数的 23.64%；有 11 人选择了通过短信主动定制农业信息，占总人数的 10%；只有 6 人选择了通过手机上网获取农业信息，占总人数的 5.45%。等待相关部门通知的人数为 67，占总人数的 60.91%。可见在被调查者中大多数人（超过 60%）还处于被动获取信息的状态，而通过手机上网、手机短信等新形式获取农业信息的人数还是比较少，只占总人数的 15.45%。调查结果见表 2-24。

表 2-24　通过电话获取农业信息具体方式调查

主动获取农业信息人数		在总人数中占比/%	被动获取农业信息人数		在总人数中占比/%
打电话问	26	23.64	—	—	—
短信主动定制	11	10.00	—	—	—
手机上网获取	6	5.45	—	—	—
总计	43	39.09	总计	67	60.91

资料来源：调研数据，调研时间 2012 年 12 月 22 日

在被调查者中，有 70 人认为通过手机短信传送信息是不错的方式，占比为 63.64%；有 16 人认为对于通过手机短信传送信息无所谓，占比为 14.55%；只有 24 人认为通过手机短信传送信息没有太多价值，可见在被调查者中有 78.19%的人认同通过手机短信传送信息这种方式。如图 2-15 所示。

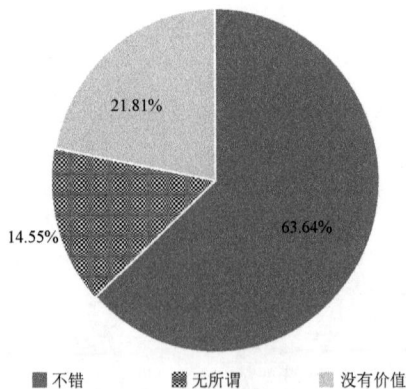

图 2-15　大理州被调查者对待手机短信获取农业信息的态度调查

在被调查者中，有 74 人认为通过短信获取农业信息面临的最大问题就是定制

费用昂贵，占比为 67.27%；有 21 人认为短信的定制程序复杂自己不会操作使用是通过短信获取农业信息面临的最大问题，占比为 19.09%；剩下的 15 人认为是短信内容不合适以及太浪费时间造成了通过短信获取农业信息的困难，占比为 13.64%。如图 2-16 所示。

关于手机上网获取农业信息的困难问题，在 110 位选择了通过电话获取信息的被调查者中有 39 人认为不知道信息真伪是手机上网获取农业信息的困难所在，占比为 35.45%，有 28 人认为支持手机上网的农业信息平台较少或不存在是手机上网获取信息的困难所在，占比为 25.46%；有 30 人认为手机上网费用过高导致了手机上网获取农业信息的障碍，占比为 27.27%；有 13 人认为是其他原因造成手机上网获取信息的困难，占比为 11.82%。如图 2-17 所示。

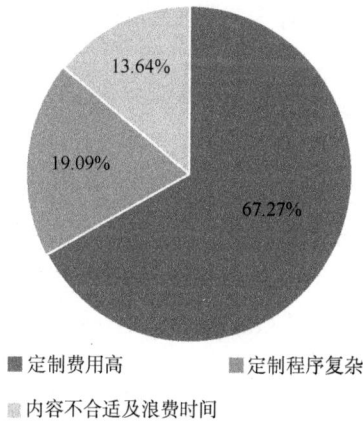

图 2-16　大理州被调查者短信定制困难调查　　图 2-17　大理州被调查者手机上网困难调查

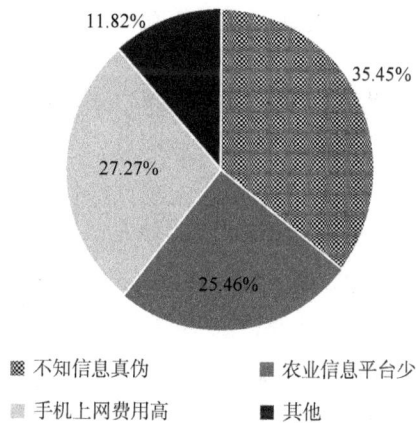

（2）电视。在 179 位选择通过电视获取农业信息的被调查者中，对于电视上的求购信息是否会打电话联系的情况，选择了肯定会联系的人数为 12，占比 6.70%，选择了可能试试的人数最多，达到 45.81%（82 人），选择了只联系本地求购信息的人数为 18，占比 10.05%，选择不会联系的人数为 67，占比 37.44%。可见有高达 62.56% 的人都有可能会打电话联系电视上的求购信息，农民对于电视求购信息的认可度还是比较高的。统计情况如图 2-18 所示。

在关于地方电视台是否会播报农业信息的调查中，有 80% 以上的农民都认为地方电视台会播报农业信息，只有不到 20% 的农民选择了地方电视台不播报农业信息。

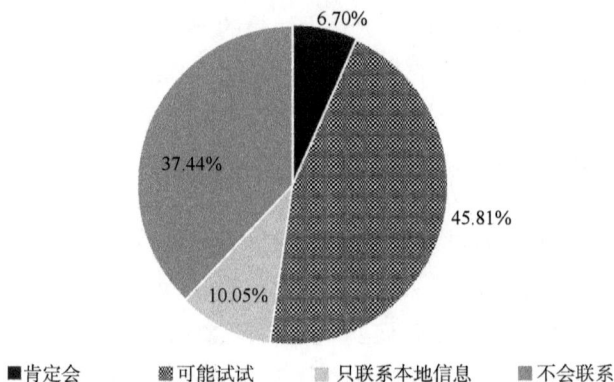

图 2-18　大理州被调查者电视信息认可度调查

关于电视上播报的农业信息的有用性调查中，有 50%以上的农民认为电视上的农业信息对于他们是有用的，不足 50%的农民认为电视上的农业信息对他们来说没有用，其原因主要在于电视上的农业信息太多太繁杂，没有针对他们的实际情况来播出有用的农业信息。

在农民希望通过电视获取什么样的农业信息调查中，选择了农业供求信息、特色农业发展方式介绍、农业种植养殖等相关技术及经验这三方面信息的人数分别为 136、70、158（本题为多选题），占比分别为 75.98%、39.11%、88.27%，而选择了农村发展相关信息的人数只有 26，占比为 14.53%。统计结果如图 2-19 所示。

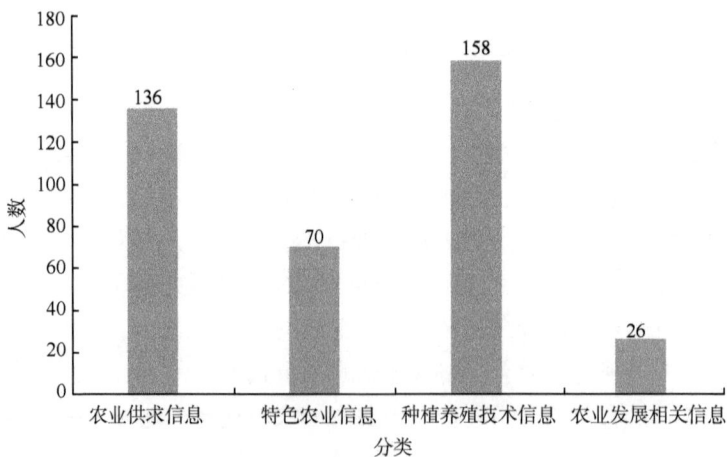

图 2-19　大理州被调查者用户对电视农业信息类型的需求调查

（3）广播。在 54 位通过广播获取农业信息的被调查者中，超过 90%的被调查者认为广播播报的农业信息涵盖种植技术、病虫害防治、市场价格、新品种介绍、农业气象、农产品供求、疫情预报与防范技术、政策法规等内容。在用户对于广播播报农业信息的满意度调查方面,接近 60%的被调查者对广播播报的农业信息感到满意,40%左右的被调查者对广播感到不满意。

在对通过广播获取农业信息存在问题的调查中,37%的被调查者认为广播播报仅限于某个时段且播报次数有限是广播获取信息存在的问题,27.3%的被调查者则认为收音机能收听的农业信息节目有限才是广播获得信息存在的问题,15%的被调查者选择了收音机播报的农业信息没有针对性导致广播获取农业信息的障碍,13.7%的被调查者则将原因归咎于广播播报的农业信息不及时,剩下的 7%认为是广播播报效果不好导致的。如图 2-20 所示。

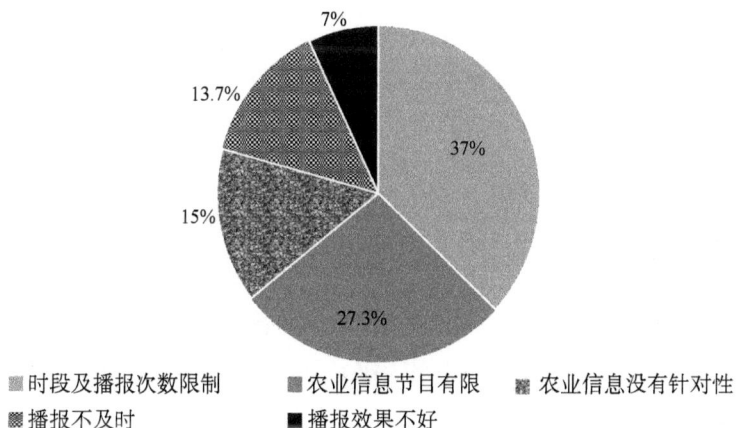

图 2-20　大理州被调查者广播获取农业信息存在问题调查

(4)电脑。这部分包括五项调查。

第一项是电脑使用对于被调查者的难易程度调查。在 38 位选择了通过电脑获取农业信息的被调查者中,有 8 人认为电脑对于自己来说不困难但比较生疏,占比 21.05%;有 4 人认为使用电脑对于自己来说容易,占比 10.53%;剩下的 26 人认为使用电脑对于自己来说还比较困难,占比 68.42%。可见超过 89%的被调查者的电脑水平仍然处于中下水平。如图 2-21 所示。

第二项是免费参加电脑培训的意愿程度调查。有接近 50%的被调查者表示只要有时间就会去参加免费电脑培训;有 13.1%的被调查者表示对于免费电脑培训非常感兴趣,很愿意去;而不足 40%的被调查者对于电脑培训不感兴趣,不愿意去。可见超过 60%的被调查者对免费电脑培训持有一定的兴趣。

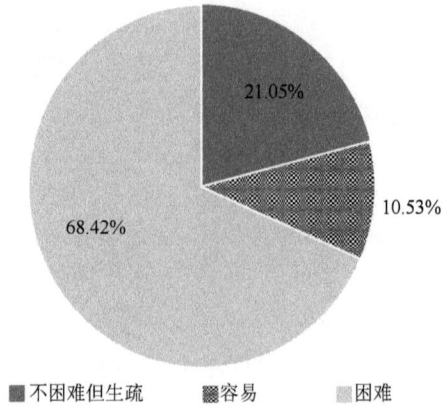

图 2-21　大理州被调查者电脑获取信息难易程度调查

第三项是关于在网络上查看农业供求信息的调查。在 38 位调查者中，只有 36.84%（14 人）的被调查者在网络上查看过农业供求信息，而超过 60%的被调查者表示没有在网络上查看过农业供求信息。

第四项是对于在网络上发布农产品信息的意愿调查。调查结果显示，大多数人（65.79%，25 人）都处于中立态度，如果操作复杂就不愿意，而如果操作相对简单一些则愿意在网络上发布信息，有 10 人表示非常愿意并积极参与，剩下的 3 人则表示对于农产品信息不了解也无所谓。

最后一项调查了农民对于网上农业信息的信任程度。不相信信息真实的被调查者占 58%，而相信信息真实的不足 50%，可见农民对于通过网络这种形式来发布信息的信任度还是不高，还需要进一步培养农民对于网络信息的信任感。

3. 大理白族自治州农业信息技术应用发展存在的问题

我们对问卷调查的结果进行分析，从农民、相关农业部门、通信运营商、媒体等方面探讨在农业信息化发展过程中大理州存在的问题。

1）农民方面

通过对问卷相应部分的结果分析，可以看出大理州农业信息化发展过程中农民方面存在的问题主要有被动等待信息、获取信息渠道单一、对新方式认知不足。

（1）被动等待信息。从问卷的第二部分用户对于信息的需求调查结果来看，农民对于农业信息具有强烈的需求，希望可以在整个农作物生产的过程中都时时了解农业信息，希望了解的农业信息涉及种植技术、市场价格、农产品供求、疫情预报与防范等多种农业信息。但是另一项关于农产品快收成时农民的行为调查结果显示，大部分农民仍然采用传统的方式来售卖自己的农产品，如自己运到市场上卖或者是等贩子上门来收购自己的农产品，而只有少部分人会主动联系买主，主动获取买家信息来将自己的商品推销出去。这说明农民思想观念上还习惯于被动等待获取信息，而不是主动获取买家信息。

（2）获取信息渠道单一。从问卷的第三部分对于农民获取农业信息媒介的调查结果中可以看出，农民获取信息的主要媒介仍然是传统的电视，其次是电话，最后才是电脑，通过计算机网络来获取农业信息的农民在总人数中占比极小。获取信息媒介较为传统且单一，对于新型获取信息的方式存在偏见。这一方面是因为电脑普及率在大理白族自治州的农村地区还不是很高；另一方面是因为农民对于网络上获取信息的信任度较低，对通过网络获取农业信息感觉比较陌生，对于网络获取农业信息的接受度还较低，对其存在思想上的偏见。

（3）对新方式认知不足。从调查结果来看，农民通过手机短信及计算机网络这两类新型方式来获取信息的人数在总人数中只占到很小的比重，超过35%的被调查者对于手机短信获取农业信息感到无所谓以及没有太多价值，超过85%的被调查者认为使用电脑来获取农业信息对于自己来说是困难的，至少是比较生疏的，可见农民对于计算机网络以及手机短信这两种新型获取信息的方式明显在认知上存在不足。

2）相关农业部门方面

在大理州农业信息化发展过程中，农业部门也应该负有相应的责任，其中存在的问题主要有落实不到位、宣传力度不够及基础设施建设不足这三个问题。

（1）落实不到位。虽然"数字乡村"工程已经初见成效，各个县乡的网站已经逐步建立并且发布，但是相关农业部门并没有将这些乡村网络真正地在各村各户普及开来，只是将构建这些网站作为政绩指标，而没有将这些网站的应用真正落到实处。调查结果显示，超过60%的被调查者对于电脑培训有兴趣。目前相关农业部门没有出台相应的政策来完善对于农民的培训体系，导致出现了农民有意愿去参加培训获取电脑等相关知识但是没有机构以及部门来出面进行培训的局面。

（2）宣传力度不够。通过网络、手机短信等获取农业信息的方式没有在农民中进行足够的宣传，农民对于网络、手机短信等获取信息的途径存在陌生感，对于网络以及手机短信平台上的农业信息存在不信任感，最终导致用户对于获取信息的新型方式存在认知上的不足。

（3）基础设施建设不足。这主要在于以计算机网络为首的通信设施在农村的建设不足，还没有真正普及到农民，目前计算机网络的建设以及普及程度还比较低，还只是限于大理州内较为发达的县市、村镇，还没有真正做到村村户户通网络。

3）通信运营商方面

中国移动、中国联通等手机运营商还没有构建起一个较为完整的农业信息发布平台，目前对于农业信息的发布方式还主要是各相关部门采用打电话的方式来通知各农民，而采用新型的短信平台以及手机网络平台来统一发布农业信息的方式还比较少见。这需要中国移动、中国联通等通信运营商加大对农业信息发布平台的建设，并逐渐将其普及开来。目前中国移动虽然提供了一部分的农业信息短信订购服务，但是收费较高，造成了农民通过短信获取农业信息的障碍。在本次调查中，超过67%的被调查者认为通过短信定制来获取农业信息面临的最大问题在于短信的定制费用较高，其次是短信的定制程序较为复杂不会使用。因此中国移动、中国联通等通信运营商在提供农业信息平台服务的同时应该注意到适当降低服务费用，并且适当考虑定制操作的便利性及简易性，切实为农民量身定制适合于他们的农业信息发布平台。

4）媒体方面

最突出的一个问题表现在农民对于媒体上发布的农业信息信任度较低，原因之一在于电视、广播媒体以及网站管理人员没有对其发布的信息进行严格把关，没有对广告信息的真实度进行有效的验证，因此也就无法实现对广大农民的利益进行有效的保障。另一个问题是在调查中发现的，超过50%的被调查者认为以广播形式获取农业信息的最大问题在于广播仅限于某个时段，节目播放的次数有限以及专门播报农业信息的节目有限。因此广播媒体应该注意增加相应的农业节目并且增加播放次数，注意播放时段的问题。

综上可以看出，信息化对大理白族自治州地区农业的支撑作用还比较弱，还没有构建起一个完整的农业信息化网络，目前该地区农业信息还是以传统的信息传播媒介为主，计算机网络、手机平台等新型传播媒介的应用度还很低。

2.2.5　怒江傈僳族自治州

怒江傈僳族自治州基本情况统计见表2-25。

表 2-25　怒江傈僳族自治州基本情况统计

项目	内容	备注
地理位置	云南省的西北部	
相邻地区	西藏自治区 迪庆藏族自治州 丽江市 大理白族自治州 保山市	
所辖县市	泸水县、福贡县、兰坪县、贡山县	
国土面积/耕地面积	14 703 平方千米/50 569 公顷	
成立日期	1954 年 8 月	
森林覆盖率/森林蓄积	70%/13 789.58 多万立方米	
海拔	738～5 128 米	

项目	内容	备注
总降水量	286 亿立方米	
珍稀林木	秃杉（台湾杉）、珙桐、三尖杉、楠木、紫檀、香樟、乔松等	
总人口/少数民族人口占比	53.43 万/92.2%	

资料来源：整理自《怒江傈僳族自治州统计年鉴》，2015 年

1. 怒江傈僳族自治州农业信息化概述

怒江少数民族地区在实现农业信息化方面，目前采用的主要技术手段有固定、移动电话，农村互联网及广播电视网络，信息技术手段的发展及使用情况在一定程度上反映了怒江傈僳族自治州的农业信息化发展现状。

1）固定、移动电话发展情况

怒江州主要由中国电信、中国移动和中国联通三大运营商提供语音通信信息化技术支持，在语音通信的基础上还提供包括农村致富、文化、娱乐等增值信息。通过三大通信运营商的不断布局，在最近几年，怒江傈僳族自治州的网络容量和通信用户都得到较快的增长。该州大部分农民已经逐步接受这样的观念，即电话不仅仅能运用于与亲朋好友之间的沟通，在信息提供方面，特别是农业相关信息提供方面，电话也能发挥极大的作用。

农民利用手机短信获取信息的状况在怒江也进展得较好。"三农通"就是农民利用短信获取信息的一个具体运用。"三农通"是由云南省委农村工作领导小组办公室总体指导和协调，新华社云南分社发挥信息内容的组织优势、中国移动云南公司发挥移动通信网络覆盖优势、云南省农业科学院发挥专家服务优势，并在各级党委、政府和各涉农部门的支持下，为全国首创的涉农信息服务体系。"三农通"主要是基于目前手机的普及率高且方便使用的特点，向云南省内农民免费提供包括多方面实用的"三农"信息的服务。截至 2013 年 8 月 2 日，怒江州"三农通"用户数量统计见表 2-26。

表 2-26　怒江州"三农通"用户数量统计

地区	人数
福贡县	3 264
贡山县	4 145
兰坪县	28 765
泸水县	2 820
怒江（未细分的用户）	64 315
合计	103 309

资料来源：调研数据，调研时间 2013 年 12 月 28 日

2）农村互联网发展情况

通过互联网获取信息是我国农村用户的新途径。怒江州农村消费水平低，宽带业务需求量不是很大，目前在农村地区只有电信公司提供宽带上网业务。宽带上网基本上可以为农民了解信息提供更为快捷的通道，农民可以非常直观地进行各种种养技术的学习，阅读各种新闻和科技文章，搜索自己想要找的特定信息也非常方便，同时还可以观看 VOD（video on demand）点播等娱乐节目。更为重要的是，通过宽带上网，还可以发布自己的产品信息，让别人随时可以浏览或搜索到，从而引入无限商机。

3）广播电视网络发展情况

2010 年 5 月，怒江州完成 752 个已通电自然村的广播电视"村村通"建设任务，全州电视综合覆盖率达到 93.23%，广播综合覆盖率达到 88.18%。2010 年 5 月之后，怒江州启动了第二批 20 户以上通电村广播电视"村村通"工程，项目实施后，使该县 135 个 20 户以上通电村的 4 100 多户山区群众收听收看到 40 套以上广播电视节目。2015 年末，广播电视无线发射台 12 座（省属 3 座），广播综合覆盖率 92.12%，电视综合覆盖率 95.12%。可见随着政府对广播电视普及的重视，怒江州的广播电视网络普及率越来越高，这为怒江州发展农业信息化奠定了一定的基础。

2. 怒江傈僳族自治州农业信息需求和信息媒介使用情况

本次调查范围包括怒江州及下属各县、各乡镇，包括泸水县、福贡县、兰坪县和贡山县，包括六库镇、子里甲乡、普拉底乡、马吉乡、秤杆乡、古登乡、上江乡、洛本卓乡、利沙底乡等乡镇。有效覆盖怒江州面积 90% 以上。消除了由于地域分布失调给本调查结果带来的影响。问卷共发放了 100 份，有效回收 88 份。

1）调查对象基本情况统计

（1）性别比率。在有效回收的 88 份问卷中，女性被调查者 42 份，占 47.73%；男性 46 份，占 52.27%。两者人数比率基本上与世界男女比率持平，因此消除了由于性别比例失调给本调查结果带来的影响。

（2）年龄比率。被调查者年龄范围为 19～56 岁。30 岁以下的被调查者占 36.40%，31～40 岁的被调查者占 35.20%，41～50 岁的被调查者占 22.70%，50 岁以上的被调查者占 5.70%。如图 2-22 所示。该比率有效地覆盖了各个年龄阶段的农业信息使用者，并且考虑了一定的调查重点。

（3）学历比率。学历范围从初中到本科及以上，有效覆盖了各个学历层次的农业信息需求者。其中，具有初中学历和高中（中专/技校）学历的被调查者占的比率较大，各为 33.00% 和 36.40%，呈现出"中间多，两头少"的状况，和农村的受教育情况大致相符。如图 2-23 所示。

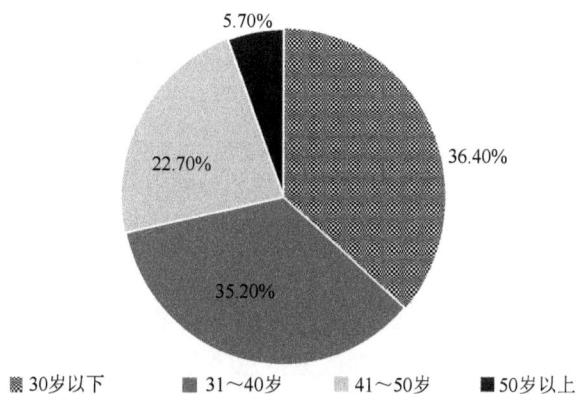

图 2-22　怒江州被调查者年龄比率

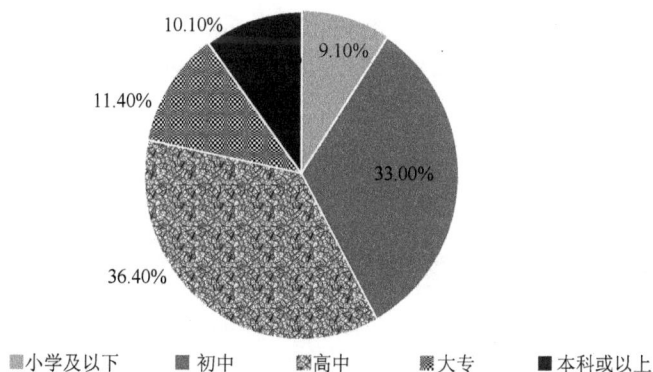

图 2-23　怒江州被调查者学历构成

（4）职业比率。被调查者包括普通农户，种植、养殖大户，经销流通大户，农业企业老板等，如图 2-24 所示。有效覆盖了多数需要农业信息的被调查者。

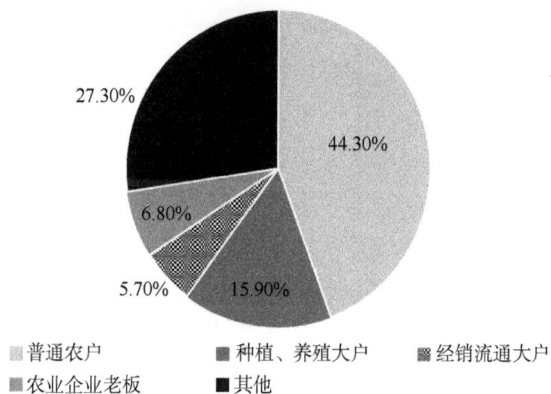

图 2-24　怒江州被调查者职业构成

总的来说，鉴于实际调查的条件受限，虽然调查基数不大，但该项调查的被调查者能够充分地代表怒江州的整体农户，因而调查问卷的数据对我们分析怒江州的农业信息化现状有可参考性。

2）怒江州少数民族地区农业信息需求分析

本项调查是针对信息诉求相对难以满足的农村现有的农民进行的，因此，相对于游离型农民来说，这类人群更具有代表性，也更能准确把握农民的农业信息需求，使得研究更加可靠、有针对性。

通过问卷调查发现，该地区农民的农业信息需求主要包括种植技术信息、交易信息、疫病防治、气象信息和政策信息等方面。而农民对信息需求的时段贯穿于生产的整个过程，可见农民在农业生产过程中充分体会到信息的缺乏，绝大部分农民在播种季节、作物生长季节、收成季节、有病虫害时都对信息有很大需求，尤其是在播种季节，所有被调查者对农业信息都有需求；在作物生长季节，农民的信息需求也非常迫切，98.9%的被调查者表示在该时期有农业信息需求；在有病虫害季节，也是如此，94.3%的被调查者表示在该时期有农业信息需求；而在收成季节，农业信息需求相对较少，但也达到了72.7%的比例。具体见表2-27。

表 2-27　怒江州农民对信息的需求时段分布

信息需求时段	用户/人	用户比例/%
播种季节	88	100.0
作物生长季节	87	98.9
有病虫害时	83	94.3
收成季节	64	72.7

资料来源：调研数据，调研时间 2013 年 12 月 28 日

农民对信息的需求种类。被调查者对农业信息的需求是丰富多样的，在问卷中，设计了种植技术、病虫害防治、市场价格、新品种介绍、农业气象、农产品需求、疫情预防与防范技术和政策法规等信息供农民选择，与农民需要信息的时间相对应，种植技术、病虫害防治技术、疫情预防与防范技术等信息尤其受到农户的关注，绝大部分用户都对该类信息有需求，种植技术、病虫害防治技术的需求人数达到94%以上，疫情预防与防范技术信息需求人数也达到了88.6%。农产品需求、市场价格等信息也有较大需求。相对而言，农民对农业气象和政策法规的信息需求偏低。具体需求人数情况见表2-28。

表 2-28　怒江州农民对信息的需求种类

信息需求种类	用户/人	用户比例/%
种植技术	87	98.9
病虫害防治	83	94.3
市场价格	36	40.9
新品种介绍	25	28.4
农业气象	14	15.9
农产品需求	35	39.8
疫情预防与防范技术	78	88.6
政策法规	15	17.0

资料来源：调研数据，调研时间 2013 年 12 月 28 日

通过信息需求时间调查，可以得出农民对农业信息的需求多发生在作物种植和生长时节，在这段时间内对信息需求尤为迫切，而在收成季节则对信息需求相对较少，其原因可能是由云南农业作物的性质决定的，收成季节基本不能影响作物的产量了。

通过信息需求种类调查，可以得出农民对生产性信息需求高于市场性信息需求，市场性信息需求又高于政策性信息需求。生产性信息诸如种植技术、病虫害防治技术和疫情防范技术，这类信息的需求靠前；市场性信息诸如市场价格、农产品需求、新品种介绍等，这类信息的需求人数居中；政策性信息需求和农业气象等信息的需求量靠后。

由此可以看出，农民获取信息的首要目标还是提高生产、提高产量、减少病虫害带来的农业损失，其次才考虑把农产品销售出去，这符合传统农民的思想，也符合农业的生产线，即先将产品种植出来，再想办法把产品销售出去。

3）怒江州少数民族地区农业信息供给与运用手段分析

问卷调查中，被调查的 88 位农民中，有 32 位通过电话获取农业信息，32 位通过电脑获取农业信息，18 位通过电视获取农业信息，6 位通过广播获取农业信息，如图 2-25 所示。

电话农业信息的供给状况。利用电话了解信息已经越来越普遍，然而，在怒江州农民中，利用手机获取信息的比率还比较低，只占 37.5%。对农民使用电话获取农业信息的积极性方面进行调查发现，62%的农民都是被动接受信息，如接收相关部门电话通知和短信通知，从来没有主动打电话咨询相关部门；38%的农民能够主动接收信息，如主动定制农业信息短信、主动打电话咨询或者手机上网获取信息等。通过对电话提供的农业信息中表现出来的不足进行调查发现，电话提供农业信息存在以下问题。

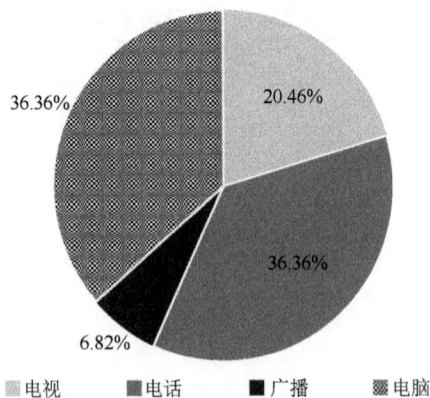

图 2-25　怒江州农民获取信息的技术手段

（1）获取的农业信息不实用。农民通过短信获取的农业信息不是为农民量身定做的，没有参考价值，如种植经济作物的农民接收到养殖方面的信息。

（2）支持手机上网的农业信息平台较少或不存在。农民手机上网时，很难寻找到提供专业农业信息的网络平台。

（3）手机上网费用昂贵。部分农民不了解手机上网的资费状况，对手机上网收费存在疑惑。

（4）不知道信息真伪。农民对电话获取的信息不能够完全信任，担心信息是假的。

（5）定制程序复杂。农民认为定制信息的过程复杂，难以清楚了解定制程序，不会使用。

电脑农业信息的供给状况。随着计算机网络的普及应用，通过电脑获取农业信息成为农民的信息渠道之一。然而由于基础设施建设及文化程度有限等的制约，在通过电脑获取农业信息的调查中，15.6%的被调查者表示电脑使用困难，53.1%的农民表示比较生疏，如图 2-26 所示。对于在网上发布信息，40.6%的被调查者表示非常愿意，50.0%的被调查者表示太复杂就不愿意，9.4%的被调查者对于在网上发布信息不关心也不了解，也就是说，有超过一半（59.4%）的人对在网上发布信息并不是非常愿意，对于电脑、网络的使用复杂程度有顾虑。如图 2-27所示。

在对怒江州网络供求信息的可信度调查中，农民对网络供求信息信任度不高，接近半数的被调查者认为网络供求信息不可靠，有欺骗性，不会选取该方式商谈；42.4%的被调查者对网络供求信息存疑，但是愿意尝试通过该方式提供的信息与对方商谈，再考量是否可靠；9.1%的被调查者面对网络供求信息会主动要求面谈（表 2-29）。

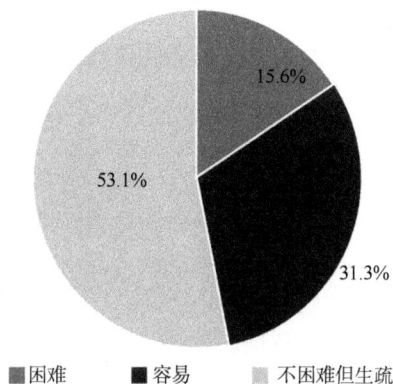

图 2-26　怒江州农民的电脑使用难易程度调查

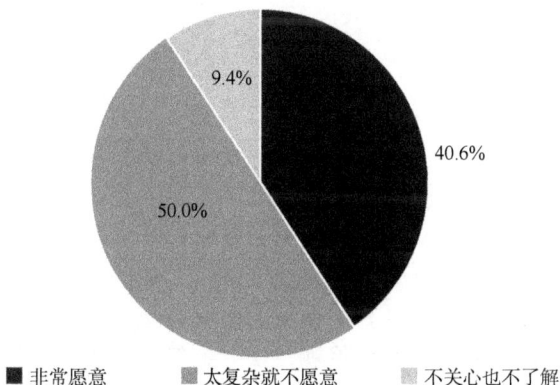

图 2-27　怒江州农民对在网上发布信息的意愿调查

表 2-29　怒江州网络供求信息的可信度调查

农民态度	农民人数	农民比例/%
相信并谈生意	0	—
要谈谈看是否可靠	14	42.4
要求面谈	3	9.1
是骗人的，不会谈	16	48.5

资料来源：调研数据，调研时间 2013 年 12 月 28 日

3. 怒江州少数民族地区农业信息技术应用发展存在的问题

根据前面的问卷调查数据可以知道，怒江州农村的农业信息化仍非常薄弱，农业信息化建设如何能落到实处，从而为广大的农民提供丰富的农业信息化配套

服务，是怒江州农业信息化建设有效应用的关键。但在实际应用过程中，各方面因素的限制使怒江州少数民族地区农业信息化发展呈现出不均衡的状况，怒江农村农民对农业信息利用相对比较低。具体表现如下。

1）农民获取信息技能不熟练

怒江州的大部分农民的文化水平都不高，教育程度多是初中和高中，而且值得注意的是，由于大量青壮劳动力进城务工，目前在该州的农村留守人员主要是老人、劳动技能相对较弱的妇女和在上小学的儿童，他们的文化素质普遍不高，50%文化水平为初中及以下。

从前面的调查我们发现，100%的被调查者都有各种各样的农业信息需求，他们渴望通过信息化工具了解怎样种植农作物、如何进行牲畜的养殖、如何致富、如何进行农产品售卖等信息，但对于他们而言，电脑操作方面的知识几乎不懂，且对于网络也非常陌生，根本不了解。在手机使用层面，他们对手机定制信息感到复杂，而且由于农村缺乏农作物种植技能、牲畜养殖和致富方法等方面的相关培训，云南少数民族地区的一些农民即使自己投资花钱购买了相关上网设备，请网络工作人员开通网络，也很难熟练掌握电脑和网络使用技能，并从中获取农业信息。同时，农村的保守思想也使得他们总是被动地接受新的信息，由于缺乏获取信息的技能，他们更不可能深入地追寻信息。

2）基础设施建设力度不足

（1）电脑方面。对怒江州大部分农民来说，电脑的获取难度还是很大，很少有家庭拥有电脑。怒江农村地区人口密度相对周边地区而言比较小，政府对信息基础设施的投入一直以来都不是很重视，认为人口少，投入建设的话平均投入费用大，使用率低，所以农村的计算机网络资源很少。由于电脑的费用较高，并且大部分农村无法联网，很少有家庭拥有自己的家庭电脑，年轻农民使用电脑都是到网吧，中年以上的农民几乎没有使用过电脑。甚至有部分农民从来没有见过真正的电脑，也不知互联网为何物，也就谈不上使用这些工具来获取所需信息了。

（2）广播电视方面。直到如今，怒江还有部分村落没有通电，农民还没有用上电灯。而且，一直以来，很多通电村落只能简单地照明，却无法收看电视节目和收听广播节目，更不用说获取农业信息。在怒江州农民中，采用广播方式接受农业信息的农民很少，并且由于农村生活繁忙，农民很少有时间收听广播，能接收的频道也比较少，农民很难定位到相关的农业信息。

（3）手机和电话网络方面。中国移动和中国联通在怒江州的覆盖面还不够广泛，并且怒江州多是高山，部分地区手机信号很差，接听电话过程中随时出现信号不好的问题，阻碍了用户使用手机获取农业信息。

3）提供的信息质量不高

首先，信息适用性不强。通过问卷调查发现，手机获取信息的农民中，表示信息不适用的占到 54.5%。即使农民能通过电脑、电视、手机和电话、广播获取农业信息，但是真正需要的信息不能方便快捷地找到——花费了很多时间，却找不到有实用价值的信息，对农民没有多大作用。其次，信息可信度不高。农民表示，即使在手机或电视上发现了相关的农业信息和供求信息，还是对该信息持怀疑态度，有的甚至是丝毫不相信。信息可信度低下使得农业信息化建设失去了意义。最后，信息供给不全面。从问卷调查中我们发现，农民需要的信息是多种多样的，包括种植技术、病虫害防治、市场价格、新品种介绍、农业气象、农产品需求、疫情预防与防范技术和政策法规等信息，但是，通过以上方式获取的信息比较单一，不能满足农民农业生产生活中对信息的需求。

相比中国而言，农业信息化水平测度工作在国外开展较早，西方发达国家已经形成相对完善和合理的评价指标体系，但是国情、地域条件、国民素质都不同，我们需要根据自身情况建立适合自己情况的指标体系。而目前，我国在各领域信息化评价方面也进行了许多研究及实践，针对企业的信息化评价相对更加成熟和完善，形成了一套针对企业的较为完整的信息化测度指标体系[82]。

第3章 云南少数民族地区农业
信息技术应用发展水平综合评价

信息化水平是各个国家、各个地区之间经济竞争力的标志之一，已经成为农业信息化过程中国家信息化水平的重要组成部分。在全面考虑到测算信息技术应用水平各方面因素的前提下，结合云南民族地区的实际情况，本书作者提出了一套评价指标体系。

3.1 云南少数民族地区农业信息技术应用评价指标体系

3.1.1 云南少数民族地区农业信息技术应用指标体系构建的理论依据

信息传播理论是农业信息化测度指标体系构建的主要依据，通过信息技术及信息服务媒介使信息到达农业用户，使信息得到合理利用，让其能产生信息传播的实际效果[83]。通过增加农业信息网站和农业书刊的出版数量对其进行推广。

在全面考虑到测算信息技术应用水平各方面因素的前提下，结合云南民族地区的实际情况，我们提出了一套评价信息水平的指标体系。这套评价体系主要包括六个方面的要素：信息资源的开发利用、国家信息网络建设、信息技术应用、信息技术和产业发展、信息化人才队伍建设以及信息化政策法规和标准[84]。其中，信息资源的开发利用是国家信息化的根本职责，它是农业信息化评价指标体系的核心，是信息化建设取得实际效果的关键因素；国家信息网络建设是完成信息的传输、共享、交换的重要手段，只有加强国家信息网络的基础建设，才能保障信息传输、共享和交换的质量；信息技术应用是进行信息资源开发和信息网络建设的技术基础，是衡量信息化效率的关键；信息技术和产业发展是信息化的支柱，只有通过信息技术和信息产业的发展，云南少数民族地区信息化水平才能得到提高；信息化人才队伍建设是国家信息化成功的本质所在，只有通过信息化进程的不断推进，培养出一批能为信息化提供支撑服务的人才，才能在服务要求越来越高的未来仍能保持充分的竞争力；信息化政策法规和标准是为了保障信息化合理发展而制定的，对信息化发展十分重要。

3.1.2 云南少数民族地区农业信息技术应用指标体系构建的目的

1. 评价云南少数民族地区农业信息技术应用状况

通过静态横向比较，判断各构成要素的建设是否均衡，是否符合云南少数民族地区的实际发展需要；同时，从农业信息的构成要素角度出发，用动态纵向比较的方法来测量云南少数民族地区农业信息资源的开发程度和农民对农业信息的利用率，通过动态纵向比较和利用率数据，来决策该如何对农业信息基础设施进行建设，如何引导农民对信息技术手段进行运用，政府和各个部门对农业信息如何通过好的途径进行发布；通过自身比较和与其他区域的纵向方面与横向方面的对比，来判断和衡量云南少数民族地区当前农业信息化的总体发展水平。

2. 预测云南少数民族地区农业信息技术应用发展趋势

通过统计分析手段，整理云南少数民族地区连续性的农业信息技术应用各要素测度数据，可以全面反映云南少数民族地区农业信息化的发展变化趋势，对这些地区的农业信息化发展的趋势进行较为准确的预测，从而有效地判断在云南少数民族地区农业信息化发展过程中对其发展的有利因素和不利因素，及时采取相应的措施消除不利因素，维持有利因素，保证云南少数民族地区农业信息化建设有效可行地发展。

3. 提供云南少数民族地区制定农业信息技术应用发展规划的依据

在云南少数民族地区测度指标体系所反映的各指标要素基础上，即时关注农业信息化发展目标的实现情况，从而在云南少数民族地区农业信息化发展过程中，为有关部门优化决策、为地方各级政府制定相应的农业信息化建设规划和政策提供客观依据。

3.1.3 云南少数民族地区农业信息技术应用指标体系构建的原则

1. 代表性原则

要很好地结合国家统计局信息化评价指标体系，有效地考虑到云南少数民族地区农业信息资源的利用与开发，努力增强云南少数民族地区农业信息化基础设施建设，不断提高云南少数民族地区农业信息化技术水平，加强云南少数民族地区农业信息技术和产业发展，完善云南少数民族地区农业信息人才建设和云南少数民族地区农业信息化政策法规与标准等。

2. 地区特殊性原则

在建立云南少数民族地区农业信息化评价指标时，既要考虑到指标选取的代表性，也要考虑到云南少数民族地区的特殊性和协调性。另外，由于是对云南少数民族地区进行的调查研究，也要考虑到农业信息化评价指标数据的可获得性，这样才能对其进行测度。

3. 比较性原则

信息化水平是各个国家、各个地区之间经济竞争力的标志之一，已经成为农业信息化过程中国家信息化水平的重要组成部分，要求我们在研究中对国际相关的指标体系进行关注、参考，从而选取与国际接轨的指标体系，让云南少数民族地区农业信息化评价指标具有可比较性。

4. 导向性原则

云南少数民族地区农业信息化评价指标是通过多方面考虑形成的，利用这些指标体系所得到的测度结果要有利于云南少数民族地区信息化建设过程中政策和法规的实施；有利于这个地区在信息化基础设施方面的建设；有利于该地区在信息资源方面进行大力的开发和应用，同时还要从信息化人才的培养、信息化差异的发展和农村经济的整体发展角度考虑[85]。

3.1.4 云南少数民族地区农业信息技术应用指标体系的建立

由于云南省农业信息化水平测度研究还处在初级发展阶段，再加上现有农业统计体系还不够成熟，在数据的获取上有很大的难度。因此，云南少数民族地区农业信息技术应用指标体系是在对农业信息化内涵界定的深入认识的基础上，从农业信息化测度的指标体系设置的相关理论角度，按照当前农业信息化测度的指标体系设置的相关理论和基本原则[86]，以国家信息化标准评价体系为参照构建的[87]，它结合云南少数民族各地区的特点，在上述四项原则的指导下，将云南省农业信息技术应用指标体系设置为六大类 29 个指标，见表 3-1。

表 3-1　云南省农业信息技术应用指标体系

一级指标	序号	二级指标	指标单位	指标解释	数据来源
云南农业信息资源开发利用	1	农业出版物数量	万册（套）	反映农业信息资源规模	出版年鉴
	2	农业信息网站拥有量	个	涉农网站数量，反映现代信息网建设水平	农业厅
	3	涉农网站信息更新	条/周	反映网络信息的及时程度	网络查询
	4	农业网络信息数据库容量	G	涉农网络数据总量及总记录数，测度信息资源状况	农业科学院
	5	农经类广播播出率	小时/天	测度广播信息提供量	广电资料
	6	农经类电视播出率	小时/天	测度电视信息提供量	广电资料
云南农业信息基础设施	7	电话普及率	台/百户	包括固定电话和移动电话，反映农村电话网络的建设应用水平	统计局
	8	电视机普及率	台/百户	包括彩色电视机和黑白电视机，反映农村电视网络的建设应用水平	统计局
	9	人均带宽拥有量	千比特	反映实际通信能力	信息办
	10	农村长途光缆覆盖率	芯长千米	用来测度带宽	信息年鉴
	11	计算机拥有率	台/百户	反映计算机在农村的普及程度	农村住户调查年鉴
云南农业信息化技术应用	12	电话使用率	次数/总人口	每月农村通话总次数/农村总人口	信息年鉴
	13	电视收视率	小时/天	人均每天收看电视节目的时间，用此测度电视应用水平	广电资料
	14	广播收听率	小时/天	人均每天收听农村有线广播、收音机电台播音的时间，用此测度广播应用水平	广电资料
	15	网络使用率	小时/周	人均每周使用网络的时间，用此测度网络应用水平	信息年鉴
	16	互联网用户数	%	农村互联网用户数/农村总人口，反映互联网在农村的发展状况	信息年鉴
	17	涉农网站访问率	次数	涉农网站全年点击率，反映涉农网站的应用状况	网络查询
	18	信息消费指数	%	农民个人用于通信服务的支出/个人消费总支出，反映农民的信息消费能力	农村住户调查年鉴、统计年鉴
	19	电子商务交易额	亿元	计算机网络所进行交易活动（包括B2B、B2C、B2G等交易）的总成交额，反映网络应用水平	统计年鉴
	20	农村信息服务站服务量	人次/月	农村信息服务站每月接受服务的人次，反映利用农村信息服务机构的情况	调研

续表

一级指标	序号	二级指标	指标单位	指标解释	数据来源
云南农业信息产业	21	农业信息服务业产值	亿元	邮电、广电等涉农信息服务业的年总产值，反映新型农村信息产业的发展状况	统计局
	22	农业信息产业增加值占GDP比重	%	农村邮电、广电等涉农信息服务业的增加值/GDP，反映信息产业在地区经济中的地位和作用	统计局
云南农业信息化人才	23	农业信息从业人员数	%	区县、乡镇、农村信息服务机构人员数，反映农业信息化人才建设状况	农村住户调查年鉴、统计年鉴
	24	接受信息化培训人员比重	人/千人	每千人中从业人员中接受过信息化专门培训的人数，反映区域内信息服务水平和农村信息化信息主体的接受能力	统计年鉴
	25	农业科技人员比重	人/总人口	州、县、乡三级信息管理和服务人员数占农村总人口的比重，反映农业信息化人才建设状况	农村住户调查年鉴、统计年鉴
云南农业信息化政策环境	26	农业信息化发展规划数目	次数/年	每年政府部门正式发布的涉及农业信息化发展的文件、通知等的数目，反映农业信息化发展的政策投入	统计年鉴
	27	农业信息化专项预算	万元	每年的涉农信息化投入，反映政府对农业信息化发展的投资和支持力度	统计年鉴
	28	农业信息化专门会议	次数/年	每年以农业信息化为议题召开的会议次数，反映政府对农业信息化发展的政策支持力度	年鉴、调查问卷
	29	农村教育经费投入比重	%	每年农村教育投资额占同一时期区域内教育投资额的比重，反映政府对农村教育的支持力度	统计年鉴

1. 农业信息资源开发利用评价指标

农业信息资源以文字、图像、声音等为存储形式，其建设的核心内容是有效使用农业信息资源，是农业信息化基础结构运载的实质内容所在。

（1）数字信息资源。数字信息资源是指把储存在光盘、U盘上，对农民而言有用的农业信息资源。本书选用云南少数民族地区涉农网站拥有量、云南少数民族地区涉农网站信息更新周期、云南少数民族地区农业网络信息数据库总容量作为衡量指标。

（2）文献信息资源。文献信息资源是指以纸质作为媒介储存的相关农业信息。本书选用云南少数民族地区农业信息资源出版物的数量作为衡量文献信息资源是否丰富的指标。

（3）视听信息资源。视听信息资源主要是指通过电视、网络或者收听广播等形式传输给农民的有效且合理的农业相关信息。本书选用云南少数民族地区每天涉农类电视节目播出时长作为具体指标。

2. 农业信息技术基础设施评价指标

支持农业信息资源开发利用及农业信息技术应用的传统网络和现代信息网络的建设情况是当前农业信息化基础设施是否健全的评价指标。它是完成与农业相关的所有信息的共享、传输和交换的重要手段，只有加强云南少数民族地区信息网络的基础建设，才能保障农业信息传输、共享和交换的质量，因此，其建设水平直接反映着农业信息化发展程度。在云南少数民族地区农业信息化中，其具体包括：电话普及率、电视机普及率、人均带宽拥有量、农村长途光缆覆盖率及计算机拥有率 5 个指标。

（1）电话普及率。电话普及率是指每百户拥有的电话台数，反映该地区农村建设电话网络水平的高低。

（2）电视机普及率。电视机普及率是指每百户拥有电视机的台数，反映云南少数民族地区农村电视网络的建设应用水平。

（3）人均带宽拥有量。人均带宽拥有量是指平均每位农民占用千比特的比例，反映云南少数民族地区的实际通信能力。

（4）农村长途光缆覆盖率。云南少数民族地区农村长途光缆覆盖率，是用来测度这些地区互联网使用率和带宽的指标，是通信基础设施规模最通常使用的一个指标。

（5）计算机拥有率。计算机拥有率是指每百户拥有的计算机数，拥有数量在一定程度上说明了云南少数民族地区计算机在农村的使用和普及情况。

3. 农业信息化技术应用评价指标

农业信息化技术应用是进行农业信息资源开发和农业信息网络建设的技术基础[83]，它是衡量农业信息化效果、水平的关键指标。农业信息技术应用状况的测量重点在于表征用户获取信息的客户端技术装备状况，结合目前云南少数民族地区实际采用的主要获取农业信息的技术手段来进行评价，选择了电话使用率、电视收视率、广播收听率、网络使用率、互联网用户数、涉农网站访问率、信息消费指数、电子商务交易额及农村信息服务站服务量 9 个指标。

4. 农业信息产业评价指标

农业信息产业是信息化的支柱，它的发展能促进一个国家、一个区域信息化水平的提高。本书选择云南少数民族地区农业信息服务业产值和农业信息产业增加值占国民经济收入比重两个指标来表征农业信息化在促进云南少数民族地区农业发展方面的贡献情况。

（1）农业信息服务业产值。农业信息服务业产值是指邮电、广电等涉农信息服务业在云南少数民族地区的年总产值。

（2）农业信息产业增加值占 GDP 比重。农业信息产业增加值占 GDP 比重是指云南少数民族地区的农村邮电、广电等涉农信息服务业的增加值占 GDP 的比例。

5. 农业信息化人才评价指标

农业信息化人才队伍建设是农业信息化是否成功的本质所在，只有通过农业信息化进程的不断推进，培养出一批能够为农业信息化提供支撑服务的人才，才能在服务要求越来越高的未来保持充分的竞争力。为了更好地反映被评价地区农业信息传播和相关使用人员的总体情况，本书选择了农业信息从业人员数、接受信息化培训人员比重、农业科技人员比重 3 个指标[88]。

（1）农业信息从业人员数。农业信息从业人员数是指云南少数民族地区区县、乡镇、农村信息服务机构人员，也包括其他兼职农业信息工作人员，以此测度云南少数民族地区农村信息化的人力保障，反映农业信息化人才建设情况。

（2）接受信息化培训人员比重。接受信息化培训人员比重是指每千名农业从业人员中接受过信息化专门培训的人数，以此反映云南少数民族地区信息化服务水平和农村信息化信息主体的接受能力。

（3）农业科技人员比重。农业科技人员比重是指农村总人口中为农村信息化服务的科技人员人数，反映云南少数民族地区农业信息化科研人员的规模，用来测度农业信息化专业科技人才建设情况。

6. 农业信息化政策环境评价指标

农业信息化政策环境评价指标是为保障农业信息化健康、有序及快速地发展而制定的，因此十分重要。本书主要选择农业信息化发展规划数目、农业信息化专项预算、农业信息化专门会议和农村教育经费投入比重 4 个指标[82]。

（1）农业信息化发展规划数目。农业信息化发展规划数目是指云南省政府各级农业相关的部门每年正式发布的涉农业信息化发展的规划文件数目，以此来反映云南少数民族地区农业信息化发展的政策投入。

（2）农业信息化专项预算。农业信息化专项预算是指云南少数民族地区每年与农业信息化程度有关的资金和人力方面的投入，反映政府对云南少数民族地区农业信息化发展的投资情况。

（3）农业信息化专门会议。农业信息化专门会议是指云南少数民族地区每年为促进农业信息化水平的提高，专门召开的涉农会议次数，反映政府对农业信息化发展的政策支持情况。

（4）农村教育经费投入比重。农村教育经费投入比重是指一定时期内云南少数民族地区在农村教育方面投资的经费与全体教育经费投资总额的比例，以衡量在农业信息化发展中所需人才的保障力度。

3.2　云南少数民族地区农业信息技术应用水平的综合评价

3.2.1　云南少数民族地区农业信息技术应用数据来源

云南省农业信息技术应用水平测度的六大类 29 个指标主要通过各省地区的统计年鉴、统计报告、广电资料以及问卷调查等形式获得，其具体可参见表 3-1。

3.2.2　云南少数民族地区农业信息技术应用水平总指数的测算

对信息化水平测度的研究，最早来自美国经济学家 Machlup 和 Porat 在知识产业理论基础上提出的信息经济的测算方法[89]。总体来看，国内外学者普遍采用多指标综合评价的方法，如综合指数法[89]。

综合指数法是在确定了一套合理的指标体系的基础上，将各个体指数加权平均，计算出综合值，以综合指数为评比排序的依据，对客体进行综合评价的方法[89]。其处理方式与步骤如下。

1. 无量纲化处理

无量纲化处理是对指标进行同一化处理，用来比较每个指标的实现程度[90]。通过专家打分和已有指标体系的方法确定目标值，实际值与目标值的比值即无量纲化的结果。无量纲化公式如下：

$$R_i = \frac{\mathrm{RL}_i}{\mathrm{OB}_i}$$

无量纲化公式字母指代意思见表 3-2。

表 3-2　无量纲化公式字母指代意思

字母	R_i	RL_i	OB_i
指代意思	第 i 个指标的无量纲值	第 i 个指标的实际值	第 i 个指标的目标值

2. 指标体系计算

指标体系计算公式如下：

$$RII = \sum_i R_i \times Q_i$$

指标体系计算公式字母指代意思见表 3-3。

表 3-3　指标体系计算公式字母指代意思

字母	RII	R_i	Q_i
指代意思	总体信息化指数	第 i 个指标的无量纲值	第 i 个指标的权重值

3. 信息技术应用水平阶段划分

信息技术应用水平阶段划分见表 3-4。

表 3-4　信息技术应用水平阶段划分

划分阶段	信息技术应用落后阶段	信息技术应用准备阶段	信息技术应用起步阶段	初步实现信息化	基本实现信息化	实现信息化
划分分值	<20	20.0～40.0	40.1～60.0	60.1～80.0	80.1～95.0	>95

3.2.3　云南少数民族地区农业信息技术应用水平的主成分分析

综合指数评价方法要求所选用的各个评价指标之间有很强的独立性，但是，实际应用过程中，要达到这个要求基本不太可能。因此还可以采用主成分分析法来减少指标间的相关性程度，以期得到更公正客观的结果。

主成分分析法是通过一种降维的方法对数据进行简化，从较多的指标中找出较少的几个综合指标，使这些综合性指标尽可能反映原来指标的信息，且指标之间互不相关，它是一种多元统计分析方法[91]，具体步骤如下。

（1）构建农业信息技术应用水平评价指标体系。根据 3.1.4 节构建的六大类 29 项指标来评价云南少数民族地区的农业信息化水平。见表 3-1。

（2）原始数据进行无量纲化处理。将收集来的农业信息技术应用指标体系数据进行无量纲化处理，如前文所述。

（3）选取主成分。设定提取 6 个因子，用 SPSS 软件求出其特征值、贡献率和累计贡献率，查看其信息携带量，如果携带信息量超过全部信息的 80% 以上，就认为能够代表原来的指标信息进行评价。KMO 测试值能表明因子分析效果是好的还是不好的，同时还能表明原有变量信息绝大部分可被因子解释。然后根据因子得分系数得到主成分计算模型如下：

$$F_k = \sum_{i=1}^{29} \beta_{ki} X_i$$

式中，F_k 为第 k 个主成分；X_i 为第 i 个因子；β_{ki} 为第 i 个因子对第 k 个主成分的因子系数。

（4）构建综合评价函数。由于方差的贡献率很好地反映了主成分对构建综合评价指标的重要性。那么，用方差的贡献率进行综合评价，则能构建评价模型[90]。

$$F_k = \sum_{i=1}^{6} C_k F_k$$

式中，F_k 为第 k 个主成分；C_k 为第 k 个主成分的贡献率。

根据以上评价模型就可求得云南省各地州农业信息化的评价分值，以此来评价云南少数民族地区各地州农业信息化的发展水平。

第4章 云南少数民族地区农业
信息技术供需分析

农业信息匮乏是当前农村与城镇发展差距被拉大的重要影响因素，特别是在少数民族地区农村信息匮乏显得更加严重。与农业信息相关的需求主体对农业信息有大量的需求，但政府以及相关的中介机构只能提供有限的信息，远不能满足相关主体的信息需求，农业信息的需求与供给之间存在巨大的矛盾。

4.1 农业信息需求分析

当前许多涉农主体对农业信息都有需求，其中，信息需求主体主要是农民和涉农企业。随着经济以及科技的不断发展，信息主体对农业信息的需求在不断地增加，同时在信息的获取方式上也有一定的改变，对信息内容的要求不断提高。

4.1.1 农业信息需求主体

根据调查，云南少数民族地区关注农业信息的主体主要有普通农户、农业企业老板、养殖大户、运销大户几种类型。普通农户是农产品的重要供给者，数量巨大，农产品产量大、产品品种多，对农产品信息有广泛的需求。由图 4-1 可以看出，普通农户是被调查者职业构成中的重要组成部分，占被调查者的 64.31%；农业企业老板负责农业相关产品的生产，农业信息对企业的生产经营有重要影响，因此他们同样是农业信息的重要需求者；养殖大户是农产品肉类的重要供给者，动物的养殖信息、疾病防治等对养殖大户的养殖有重要影响；运销大户负责农产品的运输，将农产品在不同的地域之间流通，农产品在不同地域的价格、供求信息对运销大户有重要影响。

2016 年 4 日 12 日，首届中国农产品电子商务峰会在云南弥勒开幕，阿里研究院发布了《阿里农产品电子商务白皮书（2015）》，该报告指出 2015 年淘宝农产品卖家数量为 90 万个，与 2013 年的 39.40 万个相比，同比增长 128.43%，说明电子商务在农村地区的发展越来越迅速，需求主体对于农业信息的需要不断提高。

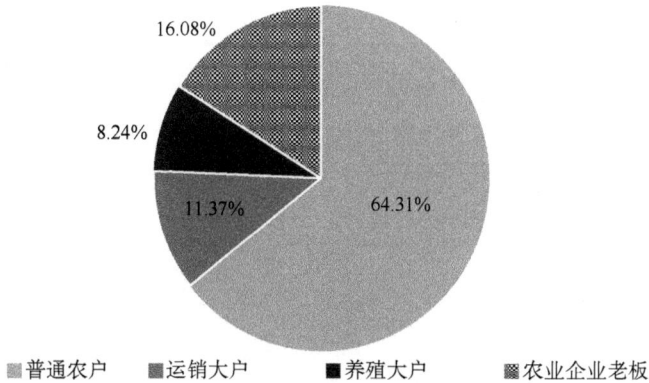

图 4-1　农业信息主体被调查者职业构成

4.1.2　农民信息获取行为及特征分析

根据调查，农民的信息获取媒介主要有四种：电话、广播、电视、电脑。调查发现信息获取工具从以下三个方面影响农民对信息的获取，即信息工具的普及率、使用频度、使用难度。农民使用不同的信息工具，对获取的信息满意度也不尽相同。具体见图 4-2、表 4-1～表 4-3。

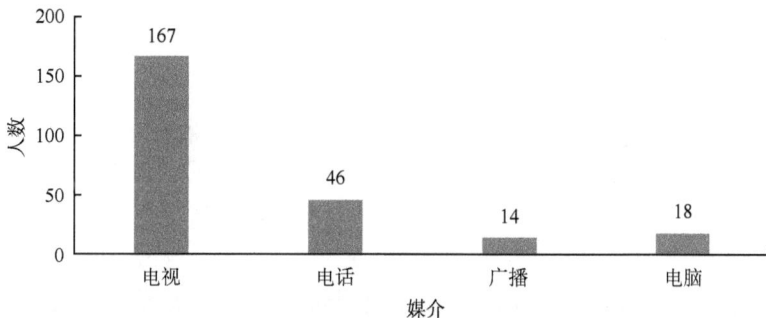

图 4-2　农民获取信息媒介调查

表 4-1　各种媒介应用规模（信息化应用状况）统计（单位：%）

方式	用户比例	接受程度	使用频度
电话	31	33	31
广播	19.2	23	22
电视	35.6	31	38
电脑	10.3	7	9
其他	3.9	90	70

资料来源：调研数据，调研时间 2013 年 12 月 28 日

表 4-2　信息媒介应用难度统计（单位：%）

方式	获取难度程度	使用难度程度
电话	32.5	15.8
广播	50.8	39.2
电视	41.6	24
电脑	86.7	90
其他	9	27

资料来源：调研数据，调研时间 2013 年 12 月 28 日

表 4-3　信息应用满意度统计（单位：%）

方式	信息可信度	使用满意程度
电话	50	50.8
广播	56	35
电视	46.7	45
电脑	68	77
其他	35	44

资料来源：调研数据，调研时间 2013 年 12 月 28 日

1. 电话

截至 2016 年 12 月，我国手机网民规模达 6.95 亿，较 2015 年底增加了 550 万。网民中使用手机上网人群的占比由 2015 年的 90.1%提升至 95.1%，提升 5 个百分点，网民手机上网比例在高基数基础上进一步攀升[92]。电话作为重要的通信工具，在日常生活中必不可少，农民中使用电话的比率为 31%，仅次于电视，且农民对电话的接受程度以及使用频度都较高，使用频度为 31%。由于电话使用起来简单、方便，在对农民的调查中发现农民认为用电话获取信息的难度最低，且使用难度最低，仅为 15.8%。农民普遍认为通过电话获取的信息可信度较高，达到 50%，因此农民对电话的使用满意程度也较高，达到 50.8%。

2. 广播

在云南少数民族地区，广播的用户人数较少，为 19.2%，有广播的家庭使用广播的频率也不高，广播的使用频度为 22%。已有广播的家庭认为广播只在特定的时段、特定的电台播放农业信息，因此使用广播获取信息的难度较大。调查发现农民通过广播获取信息的难度仅次于电脑，获取难度为 50.8%。虽然农民认为通过广播获取的信息可靠度较高，为 56%，但是由于以上描述原因，农民对广播的使用满意度最低，使用满意度为 35%。

3．电视

电视由于其具有丰富的娱乐性，在云南少数民族地区家庭中的普及率最高，普及率为 35.6%，且农民对电视的接受程度以及使用频度都较高，使用频度为 38%。电视操作简单方便，使用难度较低，为 24%，获取信息也较为容易。但是农民普遍认为电视中的农业信息会推广一些企业产品，因此农民对电视中的信息不太认可，认为电视中的农业信息的可信度为 46.7%，导致农民对通过电视获取农业信息的满意度仅为 45%。

4．电脑

根据中国互联网络信息中心在 2017 年 1 月 22 日发布的《第 39 次中国互联网络发展状况统计报告》来看，截至 2016 年 12 月，我国农村网民占比为 27.4%，规模为 2.01 亿，较 2015 年底增加 526 万，增幅为 2.7%[92]。在云南少数民族地区，电脑价格对于农村家庭来说依然较高，电脑在云南少数民族家庭的普及率仅为 10.3%，且电脑对于农民来说操作较为复杂，因此使用难度较高，为 90%，这导致使用频度仅为 9%，而且农民较难通过电脑获取信息，获取难度为 86.7%。然而农民普遍认为通过电脑获取的信息可信度较高，对电脑的使用满意度也较高，信息可信度为 68%，使用满意度为 77%。

调查结果表明，不同的信息工具其普及率以及使用难度、使用频度和使用难度影响农民对信息的获取。通过不同的工具获取的信息，农民可信度、使用满意度也不同。

4.1.3　农民信息需求调查与分析

根据调查，2/3 的农民主要关心农产品的供求问题及农产品的价格，因为农产品的价格和供求问题直接影响农民的当年收益；其次为种植技术、病虫害防治等方面的信息，对于国家的政策倾向以及法规等只有约 10% 的人关注。少数民族地区农民最关注的是收成季节的农作物价格信息，而对播种季节、农作物生长季节、收成季节、病虫害高发季节以及新品种介绍、农业气象、疫情预报与防范技术、政策法规等内容则不太重视。对于播种季节、农作物生长季节、收成季节以及病虫害高发季节，农民普遍认为这些时间基本都是固定的，且有多年积累下的经验，因此不太需要通过媒介获取相关信息。此外在一定程度上农民虽然希望得到有关种植技术、病虫害防治等方面的信息，但这些方面的信息较少，且限于投入成本的影响，虽在一定程度上获取了这些信息，但农民往往在实际中选择随大流，不太注重实际应用这些信息。对于农业气象、疫情预报与防范技术则可以通过电视、广播等渠道获取。

4.1.4　云南少数民族地区农民农业信息支付意愿模型及分析

假设在市场经济条件下云南少数民族地区的农民是理性的经济人，农业信息的效益价值是农民进行决策的依据[74]。假定云南少数民族地区农民从事农业生产的当前收益为 e_0，云南少数民族地区农民支付农业信息后的预期收益为 e_1，云南少数民族地区农民对农业信息的支付成本为 c，云南少数民族地区农民支付信息的机会成本为 oc，那么，云南少数民族地区农业信息效益价值（V）的表达式为

$$V=(e_1-c-oc)-e_0 \tag{4-1}$$

在式（4-1）中，V 值的具体意思表示见表 4-4。

表 4-4　V 值的具体意思表示

V 值	=0	>0
代表意思	云南少数民族地区农民信息投资的盈亏平衡点	投资的预期收益–投入成本的净收益>当前收益时，做出投资决策

由表 4-4 可知，云南少数民族地区根据以上理论的分析，农户对农业信息投资的决策模式可以概括为

$$是否愿意支付=\begin{cases}是，当V>0时\\否，当V<0时\end{cases}$$

根据调查发现云南少数民族地区农民文化程度、农民农业劳动力比重、农民能否看到农业频道以及农民所在乡镇甚至到村是否建有基层信息服务站这些因素与农民信息支付意愿成正比，而农民耕地面积对农民的支付意愿没有显著影响。

截至 2016 年 12 月，我国使用网上支付的用户规模达到 4.75 亿，较 2015 年 12 月，网上支付用户增加 5 831 万，年增长率为 14.0%，我国网民使用网上支付的比例从 60.5% 提升至 64.9%。其中，手机支付用户规模增长迅速，达到 4.69 亿，年增长率为 31.2%，网民手机网上支付的使用比例由 57.7% 提升至 67.5%。在此次问卷调查中，农民关于花钱购买信息的意愿度，有 73.2% 以上的被调查者选择了每个月愿意花费 2 元以下的钱去购买信息，只有 26.8% 的被调查者愿意每个月花费 2 元甚至 2 元以上的钱去购买信息。可见云南少数民族地区农民愿意为购买信息所支付的费用仍然不高，买信息的意愿度处于中等偏下的水平。

4.2　农业信息供给分析

我国农业信息的供给主体虽然有了一定程度的增加，供给主体呈现多样化，如增加了农业行业协会、为农业信息服务的 IT 企业等，但是整体来说当前对农业信息的供给依然不足。

4.2.1　农业信息供给主体及特征分析

从国外农业信息化建设的经验来看，农业市场化发展水平比较高的国家，比如美国和日本，是以新型服务体系为支撑的社会组织体系，信息化服务的社会化程度水平比较高。而在我国，当前具体为农民提供信息服务的机构主要有科教单位、农业信息服务机构、IT 服务企业等。

（1）科教单位。作为我国农业信息的供给主体，科教单位主要为涉农人员提供先进生产及经营等农业信息。

（2）农业信息服务机构。我国的农业信息服务机构主要包括官办型农业行业协会、商农合办型农业行业协会和民办型农业行业协会。官办型农业行业协会是政府主导型农业信息服务机构，主要是通过引入资金和新技术来更好地服务区域内农民，把信息服务提供给农民；商农合办型农业行业协会是商业部门利用信息优势将农民联合起来，并且指导、培训农民进行生产；民办型农业行业协会则主要是由农民的技术带头人进行组建。

（3）IT 服务企业。对于农业信息化服务，目前我国的现状是，许多 IT 企业并不愿意介入农业领域，但伴随着农业信息化体系的逐渐完善、相关产业的不断发展，IT 企业如何更好地进入农业信息化服务体系中去，并且能够实际发挥相关作用将是需要着重解决的问题。

涉农企业和农民是信息服务的接受主体和最终用户，这就要求涉农企业和农户增强他们获取信息与利用信息的意识及能力。同时，在当下农村电子商务成为一种潮流的发展背景下，涉农企业和农民对于电子商务相关的知识获取的需求也日益增高。这就需要我们政府、教育单位积极总结经验，并加以宣传、推广，从而提高涉农企业和农户的信息获取、使用和利用能力。

4.2.2　农业信息供给的基本环节

在农业信息供给方式上专家人员通过个人的学习、访谈调研等方式获取知识，并对知识进行整理与归类，主要通过两种方式将农业信息传递给涉农人员：一是专家人员在获取农业信息之后可以通过多种方式直接将农业信息传送给农业人员，这种信息传送最直接，但是不能对信息进行有效的归类，只是某些少量农业人员获取了信息，其他广大的信息需求者并不能获取信息。在广大的云南少数民族地区，专家要与信息人员直接进行面对面的沟通比较困难，所能直接面对的信息人员也是有限的，因此对信息的传播力度不大。二是专家人员可以将农业信息直接存入知识库中，等到相应的农业人员有相关的需求时直接从知识库中提取，农业人员对知识库中的信息进行查询、下载，并对信息进行相应的反馈、更新，所有农业人员均可获得信息，有利于少数民族信息的传播。这两种传播方式如图 4-3 所示。第二种传播方式与第一种传播方式相比，信息传播的广度有了明显的提高，但由于少数民族地区对互联网的应用程度不高，信息的传播力度还是不足。在当今互联网的情况下，农业信息的传播又有了新的形式，互联网的发展为农业信息的采集与发送创造了新的形式。在网络环境下，互联网上具有海量的信息，所有人均可将信息放在网上，由专门的信息采集系统进行信息的采集与归类之后，再由信息发布系统进行信息的发布，传送给信息接收者，在互联网的情况下，信息的传播速度比传统方式有了显著的提高，这种信息的供给如图 4-4 所示。

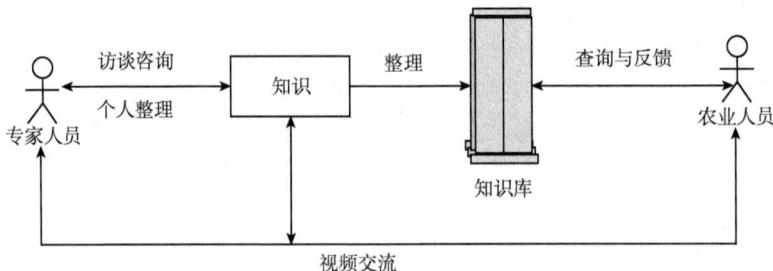

图 4-3　农业信息供给环节图（一）

图 4-4　农业信息供给环节图（二）

如何将农业信息需求和供给较好对接是农业信息化建设的核心与重点，因此，对于农业信息资源的开发、传输、共享、获取、应用应解决好云南少数民族地区农业知识与农民的对接，加强农民、农业专家、信息专家、相关农业信息机构的有效沟通。

4.2.3　基层信息服务部门调查

调查发现，基层信息服务部门的信息供给严重不足。例如，在农村电子商务的宣传信息上，国家政府下发的政策、文件往往只是停留在政府的阶段，信息服务部门不能及时将这些信息发送到农民手中。以红河州为例,红河州平均每天的信息供给量不足 1 条。以个旧市 2009 年第二季度为例,个旧市的信息供给量最高,为每天 0.751 条,平均信息日上报量为 0.161 条,即约每 6.5 天上报 1 条信息。其他县市的日均发布量和日均信息上报量更低,再到乡镇一级的信息供给量更低,由此可见基层信息服务部门的信息供给严重不足。

云南少数民族地区基层信息服务部门信息供给不足主要有四个原因:①基层服务部门对信息的采集量不足,没有专门的部门、人员采集相关的农业信息,导致农业相关信息严重不足;②信息服务部门对信息发布的重视性不足,认为即使信息发布在网上也没有人看,只是应付式地在网上公布一些信息;③由于制度原因,一些政府部门并不愿意向公众供给某些农业信息;④农村信息采集是一项十分艰辛和事无巨细的相对比较烦琐的工作,与企业相比,政府部门缺乏相应的报酬激励机制,从而使许多农业信息工作人员缺乏积极性,也不会富有责任心地去认真采集比较有效合理的农业服务信息。由于没有大量准确及时的农业相关信息,农业信息基础设施便成为摆设,最后背离了建立的初衷。

4.3　农业信息供需矛盾分析

在当前,信息供给主体虽然在各方面努力提高信息需求主体对信息的满足程度,但农业信息的供给主体和需求主体之间依然存在矛盾。

4.3.1　农民需求信息广泛性与农业信息供给局限性的矛盾

(1)信息内容。根据调查,农民对信息有着大量的需求,一方面,农民对涉及农业的相关信息的需求面广,但相关的信息供给部门只能提供较为单一的信息;另一方面,农民对信息质量的需求也得不到满足。农业信息的供需矛盾极为严重。调查结果显示农民关心的农业信息主要是农产品的市场价格、农产品供给与需求之间是否供小于求、农产品的种植技术、如何在农作物具有病虫害时找到防治等方面的信息,而相关的信息供给方提供的信息在数量和质量上都不能满足农民的需求。政府农业信息网所提供的信息主要是相关的法律法规、通知公告、乡镇导航以及相关的政府内部活动等,其所提供的农业信息很少,远不能满足农民的信息需求。

虽然近年来,云南少数民族地区各地方分别建立了一些农业数据库,但各数据库之间没有完善的监督系统导致出现大量复制现象。另外,各地区和各层级之间的信息沟通不足。这些情况导致农民不信任网站,最终造成农业网站点击率较低的现象。

（2）信息获取方式较为单一。从农民获取农业信息媒介的调查结果中可以看出，农民获取信息的主要媒介仍然是传统的电视、电话，通过电脑网络来获取农业信息的农民在总人数中占比极少。获取信息媒介较为传统，对于新型获取信息的方式存在偏见。这一方面是因为电脑普及率在农村地区还不是很高；另一方面是因为农民不熟悉电脑操作，认为使用电脑较复杂，因此避免使用电脑获取信息。

4.3.2　农民需求信息及时性与农业信息供给滞后性的矛盾

在云南少数民族地区，虽然政府投入了大量资金、政策用于信息化基础设施建设和人力资源保障，但是从总体上看，云南省各级农业信息网站信息的更新率很低，有的网站一星期不更新，有的甚至一个月也不更新一次信息。越不更新，用户访问量就越少，最终让农业信息网站成为有名无实的摆设。2008年以来，农业信息网通过改版升级，大力增强对网站的管理，努力提高网站的信息发布数量，尽量监督和保障网站信息质量来源。尽管这样，与实际相比，仍存在较大的差距。农民对于农业信息的需求往往都很急迫，农民普遍认为在农作物种植过程中耽误了其中的任何一个环节都会影响到农作物当年的产量，因此在各个种植环节对于相关的信息需求都很急迫，而信息供给部门并不能及时地提供相关的农业信息。

4.3.3　农民需求信息可靠性与农业信息供给质量低的矛盾

调查研究可知，云南少数民族地区的农户对于细分的农业技术、农资信息和生产技巧需求非常高，对于从何渠道获取高质量、实用性强的农业相关信息，农民缺乏了解，农民很难通过这些渠道进行农业知识的动态更新，从而降低了在实际生产作业中的效果。

与此同时，农民对农业信息的及时性、准确性要求也比较高。因为，一方面即使信息资源开发出来，但在传输渠道、传输过程中并没有保持效率，也会使信息因为延迟获得失去了原有的高价值；另一方面，由于农业信息从开发到获取的整个过程中，要经历许多的环节，经历大量的工作人员，如果某一环节信息的内容出现偏离，就会使最终接收的信息不能保持其准确性，也就失去了使用意义。我国由于历史与制度原因，主要的农业研究机构都集中在城市，特别是云南省大量少数民族聚居地区，在农业信息的传输过程中会出现及时性、准确性不高的问题，从而影响了农业信息供给质量。

4.3.4　农民可获得信息资源匮乏与部门大量信息资源闲置的矛盾

我国的农业网站虽然在数量上发展迅猛，但是网站的内容建设严重不足，大多网站只有为数不多的几个网页，相关信息严重不足，而且网站所提供的信息多为当地人口、土地概况，以及相关的法规和单位的部门活动、领导活动等，和农民所需要的信息之间相差巨大。从调查资料来看，现在各级农业信息网的点击率不高，一些网站在一个月之内被浏览的次数很少。许多页面的相关信息内容没有进行及时更新；有些网页信息量少、质量低，用户很难快速查找到所需要的信息[93]。同时，各个农业信息网站对网站的宣传力度也不够，非农业用户知道农业信息网的不多[94]。另外，农业信息的时效性不足，基层信息资源处基本都是单一且重复的信息，现有的农业信息设施在一定程度上还不能及时提供信息给农民或者把农民生产的产品信息通过网站信息的方式发布出去。同时，很多农业信息网站涉及的内容多为宣传本地农业或者是本区域领导去某个地方考察某个方面的服务信息。这样的农业信息网站应该更多地提供关于农业生产的气候、土壤、水分、作物生长分布等自然资源信息，或者提供与当前农作物相关的国内外科技、政策、市场等信息。

4.3.5　农业信息供给者与农民对信息价格定位差异的矛盾

改革开放以来，农民的人均收入虽然大幅度提高，但其增速一直慢于城镇居民，城乡之间的收入差距不断增加，如果综合考虑城镇居民所拥有的各种福利补贴，那么农民收入和城镇居民收入实际上差距更大。农民的收入有限，尤其是在云南少数民族聚居区农户的收入更低，依靠仅有的微薄收入，只能满足农民的基本生活，如果需要农民花几千元去买一台电脑，并且支付昂贵的上网费用和电费等开销，可以肯定地说，这是绝大多数的农民所不能接受的，更谈不上充分利用网络资源。

根据调查结果，农民对信息的支付费用多为 2 元以下，而信息的供给方除政府及相关的科研机构提供一些免费信息外，其他信息供给方对信息的收费较高。目前中国移动虽然提供了一部分农业信息短信订购服务，但是收费较高，造成了农民通过短信获取农业信息的障碍。在本次调查中，超过 67% 的被调查者认为通过短信定制来获取农业信息面临的最大问题在于短信的定制费用较高，其次是短信的定制程序较为复杂不会使用（图4-5）。因此中国移动、中国联通等通信运营商在提供农业信息平台服务的同时应该适当降低服务费用，并且适当考虑定制操作的便利性及简易性，切实为农民量身定制适合于他们的农业信息发布平台。

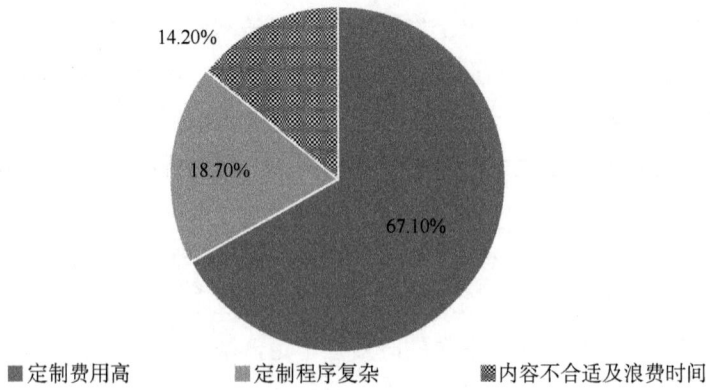

图 4-5　农民对待手机短信获取农业信息的态度调查

第5章 云南少数民族地区农业
信息技术应用发展的制约因素

以信息技术推动农业现代化，是促进现代化农业发展的重要途径。云南少数民族地区农业信息化的不断发展，是实现农业发展方式根本转变、促进现代化农业发展的基本要求。

"十一五"时期，我国广大农村的信息基础得到显著改善，农业信息化建设取得突出成绩。"十二五"期间，农业信息化发展较快，也涌现出一些突出问题亟须解决。在充满机遇的新的历史阶段，我国农业信息化任重道远。

在对云南少数民族地区未来农业信息化发展的研究中，必须考虑到制约其发展的各个因素，只有在未来的发展中克服这些制约因素，农业信息化的发展才能少走弯路。

在云南省红河哈尼族彝族自治州、大理白族自治州、怒江傈僳族自治州和文山壮族苗族自治州4个少数民族地区针对信息化需求情况、信息媒介应用情况等方面的调研，发现云南少数民族地区农业信息化发展的制约因素有以下三个：制度因素、主体因素、技术因素。

5.1　制　度　因　素

云南少数民族地区农业信息技术应用在发展过程中遇到了很多制约其发展的因素，其中制度因素对其造成的影响最大。制度因素包含正式制度和非正式制度。

5.1.1　正式制度

农业信息化建设是一项造福亿万农民的公益性系统工程，需要在政府主导下，统筹规划、统一设计。但是，由于目前我国农业信息化建设的法律法规匮乏，缺乏激励农业企业、农民专业合作社、农民的优惠政策，各地区发展农业信息化的动力明显不足。云南少数民族地区亦面临这样的困局：农业信息化建设缺乏部门间的统筹协调，缺乏宏观发展规划，缺乏统一的顶层设计，降低了资源的利用率。

例如，在农村电子商务的实施方面，虽然很多地区已经取得了良好的成效，但是由于相关政策匮乏，激励措施缺乏，在其他地区很难推广并取得成效。而国家下拨的资金没能统一科学地利用，降低了资金的利用率。

5.1.2 非正式制度

非正式制度是重要的制度因素，它包括价值观念、伦理规范、风俗习惯、意识形态这四个方面的内容[95]。本次在红河州地区针对红河州信息化需求情况、信息媒介应用情况的调查共发放问卷 300 份，其中有效问卷 235 份，问卷有效率达到 78.3%。调查范围包括红河市区及其下属各县，涉及弥勒县、蒙自县、红河县、石屏县及其下属乡镇等地区。

本次在大理州的调查同样共发放问卷 300 份，其中有效问卷 255 份，问卷有效率达到 85%。调查范围包括大理市区及其下属乡镇，涉及大理镇、下关镇、凤仪镇、喜洲镇、海东镇、挖色镇、湾桥镇、银桥镇、双廊镇、上关镇等乡镇，祥云县、宾川县、弥渡县、永平县、洱源县、鹤庆县等地区。

被调查者基本情况统计：根据调查结果统计，被调查者中男性为 248 人，女性为 242 人，两者人数基本上持平，因此消除了由于性别比例失调给本调查结果带来的影响。另外从被调查者的民族情况来看，被调查者为哈尼族、彝族、白族的人数有 394，占到总人数的 80.41%，基本上能够反映哈尼族、彝族、白族地区农业的发展情况。从被调查者的年龄分布来看，被调查者主要集中在 25～50 岁，这部分人群是家中的主要劳动力，对于农业信息较为关注。

被调查者的职业主要有农业企业老板（包括中小企业老板）、养殖大户、运销大户、普通农户几种类型。在 490 位被调查者中有 315 位普通农户，占被调查者的 64.29%；53 位运销大户，占被调查者的 10.82%；60 位养殖大户，占被调查者的 12.24%；62 位农业企业老板，占被调查者的 12.65%。主要构成情况如图 5-1 所示。

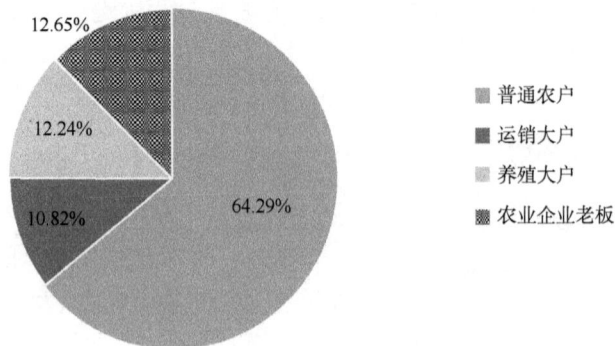

图 5-1 被调查者的职业主要构成

在对少数民族地区农产品推销方式方面，主要针对红河州和大理州进行了调研，由于云南省其他少数民族自治州与此两州情况较为相似，数据对全省来说具有代表性和概括性，问卷中提供了四种供农民选择卖出农产品的方式，分别是：等贩子上门，自己运到市场上卖，将供应信息发布到报纸、电视、网络上以及预先联系人上门收购。此题为多选题，490 位被调查者中选择了等贩子上门的占总数的 35.41%，选择了自己运到市场上卖的占总数的 24.90%，选择了将供应信息发布到报纸、电视或网络上的占总数的 6.65%，选择了预先联系人上门收购的占总数的 33.14%。如图 5-2 所示。

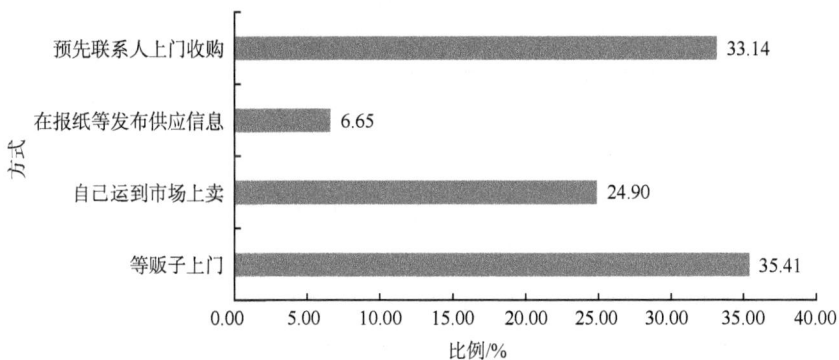

图 5-2　农产品推销方式

从统计结果可以看出，被调查地区的农民推销农产品的方式还是以被动等待为主，等待贩子上门收购自己的农产品；将选择了自己运到市场上进行直接销售的人数与选择了在报纸、网络、电视上发布供应信息的人数进行对比，可以发现被调查者对于报纸、网络、电视这些媒介的认识度、信任度等存在认知误差，被调查者更相信自己已经掌握的收购信息，认为自己直接把农产品卖给消费者更实在。

由此可见，云南各个少数民族地区在价值观念、伦理规范、风俗习惯以及意识形态上都严重落后于信息时代的发展需要，无法满足农业信息化对个体、群体观念与习惯的要求。例如，农村电子商务作为一种能够有效改变产品销售方式、拓宽销售范围、提升农民收入的新兴方法，非常需要农民能够主动接受新事物，运用创新的方式把自己的产品推销出去。外界力量的些许触动还不足以改变上述现状。以下意识形态和思想制约了云南少数民族地区农业信息技术的应用发展。

1. 闭塞又落后的意识形态

云南少数民族地区自然环境险峻恶劣，自然经济基础落后，长期形成的本民族规范和风俗在一定程度上桎梏着百姓的思想与思维，久而久之就演变成了墨守成规、安于现状，人们也渐渐习惯于按照传统的方式去生产或生活，不求改进。

2. 小农思想

农民是少数民族地区农业信息化的中心，但许多农民缺乏创新意识，往往习惯于被动接受，对政策有较强的依赖性，使得外力难以在短期内发生作用，最终难以实现农业信息化和农业快速、持续、健康发展。

大部分农民仍然采用传统的方式来售卖自己的农产品，如自己运到市场上卖，等待上门收购农产品，很少有农民主动通过其他信息传播方法来获取买家，并将自己的商品推销出去。非正式制度约束一旦建立起来，就会牢牢地根植于农民的思想意识之中。随着时间的推移和信息技术的发展，这种约束就会增加创新的成本，严重限制地方政府建设农业信息化时空间的选择，对政府的行为形成有力的约束[96]。

5.2　主体因素

主体因素是云南少数民族地区农业信息技术应用发展中遇到的一个比较显著的制约因素。云南少数民族地区农业信息技术应用发展中的主体主要由政府、信息服务中介及农民构成，他们作为发展的主体，是促进农业信息化发展的主力军，但在有的时候，主体思想、观念、意识上的缺陷会在一定程度上阻碍云南少数民族地区农业信息化的发展。政府职能缺位及越位并存，农业信息服务中介组织发展滞后，农民对信息技术渠道提供的农业信息的需求不足是影响云南少数民族地区农业信息化发展主要的主体因素，下面对这几个因素进行进一步分析。

5.2.1　政府职能缺位及越位并存

1. 政府职能缺位

当地政府要以国家政策为导向，并根据当地的实际情况，大力发展当地的农业信息化，因此，当地政府在农业信息化发展过程中占有举足轻重的地位，但调研发现云南少数民族地区农村信息化存在供给主体职能缺位问题，主要体现在以下几个方面。

（1）落实不到位。虽然"数字乡村"工程已经初见成效，各个县乡的网站已经逐步建立并且发布，但是相关农业部门并没有将这些乡村网络真正地在各村各户普及开来，只是将构建这些网站作为政绩指标，而没有将这些网站的应用真正落到实处。调查结果显示超过60%的被调查者对于电脑培训感兴趣。目前由于相关农业部门没有出台相应的政策来完善对于农民的培训体系，农民虽然有意愿去参加培训获取电脑等相关知识，但是并没有机构及部门来出面提供培训。

（2）宣传力度不够。由于通过网络、手机短信等获取农业信息的手段和方式没有在农民中进行足够的宣传，农民对于网络、手机短信等获取信息的途径存在陌生感，对于网络及手机短信平台上的农业信息存在不信任感，最终导致用户对于获取信息的新型方式存在认知上的不足。

（3）基础设施建设不足。以计算机网络为首的通信设施在农村的建设不足，还没有真正普及农民，目前计算机网络的建设及普及程度比较低，还只是限于大理州内较为发达的县市、村镇，计算机网络的应用受限，还没有真正做到村村户户通网络。

2. 政府职能越位

云南少数民族地区农业信息技术的管理存在越位问题。农业信息技术的管理、建设和应用相对独立、各自为阵，尚未形成协调统一的运作机制，资源的开发严重滞后。相关信息资源散落在不同的部门，部门之间的壁垒严重阻碍了信息资源的共享。例如，金农工程和"村村通"分别由农业相关部门和信息产业与广电部门负责，人为的分离导致农村信息化建设往往缺乏统一的统筹规划，"万村千乡"农村电子商务的实施分工不明确。在这样的情况下，就出现了管理的越位问题，各个部门对自己在农业信息化发展中的地位作用不明确，在行使其权力时，往往会越位处理，做出一些不符合自己职能权力范围的决策。

5.2.2 农业信息服务中介组织发展滞后

农业信息服务业由农业信息行政管理服务体系、农业图书情报服务体系[97]以及民间团体组织和依托农业科研院所或从行政机关剥离出来后建立的农业中介信息服务组织所构成。

农业信息服务中介组织发展滞后表现在以下三个方面。

（1）云南各少数民族地区缺乏一个功能健全的农业信息服务和技术指导机构。州（市）、县两级的农业信息工作和信息服务多为政策指导型，没有及时、良好有效地开展农村信息服务工作；乡和镇一级的农业技术服务部门的相关工作人员由于缺乏有效的激励和良好的职业机制，流动性很大。这些情况导致信息服务不够主动且及时，服务程度和深度不够，从而影响了云南各少数民族地区农业信息的质量和服务水平。

（2）缺乏信息化专业人才。目前各地区农业缺乏既懂农业技术又能掌握信息技能和农业管理的复合型人才，这无疑是各地区农业信息服务体系发展的重大"瓶颈"。农村信息技术人员的规模亟须扩大，其专业素质有待进一步提高。各地区专职农业信息的工作人员，受过高等教育的不在少数，但其中许多人的计算机水平较低，掌握的网络知识较少，信息嗅觉较差，能发现与发布的有效信息少，并且信息的时效性较低，所以，信息技术人员不能很好地扮演"桥梁"的角色——无法为农民生产耕作、政府政策制定、农村电子商务的实施和产业结构调整提供准确、优质的服务，使得农业信息化无法产生良好的经济效益。

（3）产业机制及信息服务中介发展不健全。由于各地区产业化发展不完善，农业市场机制发育不健全、农村城镇化程度低，严重制约了农村社会化服务的发展，难以从根本上有效地解决农业信息传播和电子商务服务的"最后一公里"问题。同时，各地区农业信息服务功能单一、内容实效性差，不仅缺乏科技咨询和市场服务等主导功能，而且还缺乏农产品网络营销的策略和农业电子商务发展的战略，极大地制约了农业信息的普及和应用。

5.2.3　农民对信息技术渠道提供的农业信息的需求不足

基于信息技术渠道的农业信息有效需求不足一直是限制农村电信市场发展的一个重要原因。商品经济越发达的地区对信息和通信的需求越大，规模效益在降低信息资费的同时，也有效保障了信息质量的提高；农村商品经济的相对滞后，有效需求不足导致了农村通信的资费水平占农民收入的比重一直高于城市通信资费，而发展农村电子商务可以带动农村商品经济的发展，从而保障信息的质量并利用规模效益降低信息资费水平。

从调查结果来看（参见本书 2.2.4 节内容），农民对信息技术渠道提供的农业信息的需求不足的原因有以下三点。

（1）农民通过手机短信及计算机网络这两类新型方式来获取信息的人数在总人数中只占到很小的比重，超过 35%的被调查者对于手机短信获取农业信息感到无所谓以及没有太多价值，超过 85%的被调查者认为使用电脑来获取农业信息对于自己来说是困难的，至少是生疏的，可见农民对于计算机网络及手机短信这两种新型获取信息的方式明显在认知上存在不足。

（2）各少数民族地区农业和农村信息工作还存在政府热而民不知的现象。基层广大农民受到信息环境、经济条件等多种因素的制约，信息化意识淡薄；农民对于网络、手机短信等信息获取工具及获取途径较陌生；农民由于受到长期形成的传统思维与风俗的束缚，即使他们意识到信息网络和电子商务对自身农作物收成及销售具有重要性与必要性，也不会有持续或者足够的动力为掌握和学习理论知识与实施方法而学习。因此，尽管地州政府对农业信息化和农村电子商务的建设工作十分重视，但各级农业部门向农民宣传力度不足，农民对从信息化渠道获取农业信息比较陌生，掌握不够。

（3）农民对于网络上获取信息和电子商务的信任度较低。网上信息广告难分真假,农民往往知识水平较低,很容易就会被迷惑欺骗,网络诈骗的相关新闻报道更加重了广大农民对网络信息和电子商务真实度的怀疑,使用信息化网络的积极性不高。对于网络以及手机短信平台上的农业信息存在不信任感,最终导致用户对于获取信息和销售产品的新型方式存在认知上的偏差。

5.2.4　农民平均收入较低

红河州有 13 个县市区、129 个乡镇。城乡一体化住户调查资料显示:2014 年全年,红河州农村常住居民人均可支配收入 7 726 元,增收 961 元,增长 14.2%,构成农村常住居民人均可支配收入的四项收入均实现增长,其中:人均工资性收入 2 798 元,增长 18.1%;人均家庭经营现金净收入 4 381 元,增长 11.6%;人均财产性收入 135 元,增长 12.5%;人均转移性收入 411 元,增长 17.4%。工资性收入、家庭经营性收入、财产性收入和转移性收入对农村居民人均纯收入的贡献率分别为 44.6%、47.4%、1.6% 和 6.3%。在农村常住居民人均可支配收入增长的同时,农村常住居民生活消费支出也随之增长,2014 年全年,农村常住居民人均生活消费支出 4 887 元,增长 15.9%。截至 2015 年末,红河州共有常住人口 465 万。其中:农业人口 331.83 万,占全州总人口 71.36%。农村常住居民人均可支配收入为 8 599 元,比上年增长 11.3%。

"十一五"末,大理州农业总产值达 194.3 亿元,比"十五"末增加 87.8 亿元,增长 82.5%,年平均递增 12.8%;农业增加值达 109.8 亿元,比"十五"末增加 46.65 亿元,增长 73.9%,年平均递增 12.1%;全州农村经济总收入达 378.1 亿元,比"十五"末增加 151.0 亿元,增长 66.5%,年平均递增 10.7%。农民人均纯收入 3 830 元,比"十五"末增加 1 579 元,增长 70.1%,年平均递增 11.2%。如图 5-3 所示。

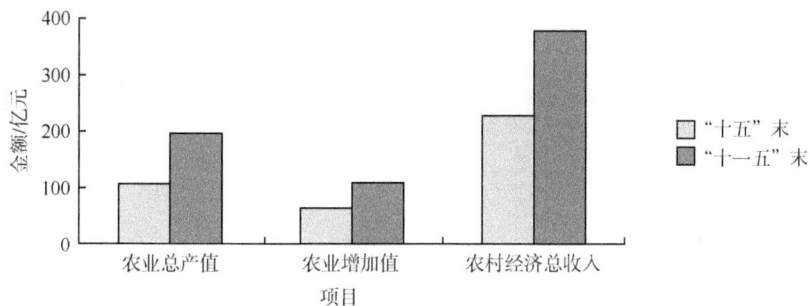

图 5-3　大理州农民收入情况

从数据上来看,两个少数民族地区近几年的财政及人民的收入确有增长,但从农民的平均收入来看,还属于较低水平。农民是少数民族地区农业信息化的根基，如若农民缺少农业信息化的基本设备，即便国家和政府投入的基础设施建设再大，农民购买不起这些基础设施的设备，农业信息化也只是空谈，必须有力地提高农民的收入，并为他们提供费用较低的甚至免费的农业信息化中农民所需要的设备，才能保证云南少数民族地区农业信息化的长足发展。

5.3　技术因素

农业信息技术是计算机、信息存储与处理、通信、网络、人工智能、多媒体、遥感、全球定位、地理信息系统等技术在农业领域移植、消化、吸收和集成的结果，是系统、高效地开发和利用农业信息资源的有效手段[98]。一个运用比较广泛的农业信息技术体系框图如图 5-4 所示。

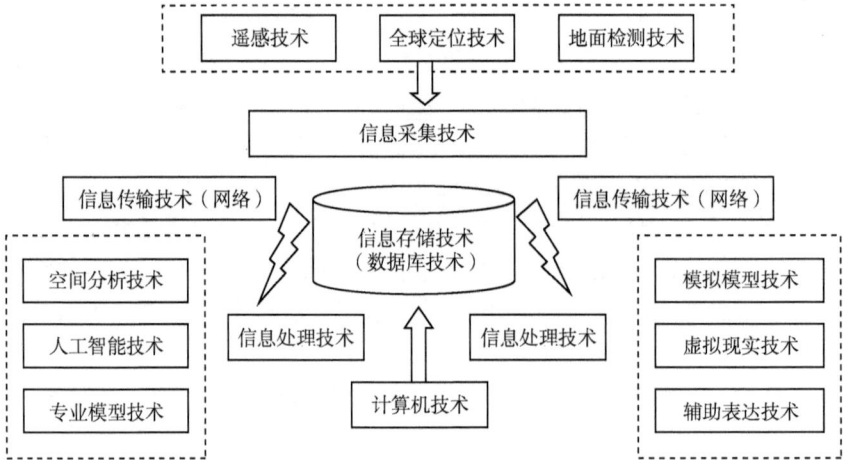

图 5-4　农业信息技术体系框图

技术因素同样是云南少数民族地区农业信息化发展中存在的一大制约因素，农业信息化必须建立在信息化技术的基础之上，没有技术的支撑，农业信息化便只是一纸空谈，落后的技术标准及手段必将对云南少数民族地区农业信息化的发展造成不可忽视的影响。

5.3.1　农业信息技术建设及信息采集处理标准化程度低

在调研过程中，调查团队走访了负责农业信息化建设的相关部门，发现相关部门缺乏因地制宜的信息化建设标准、专业的信息化建设队伍、专门的信息系统建设，目前主要通过各种传统媒介传播农业信息。信息采集方法、指标体系、采集标准等方面的不足很大程度上影响了信息采集、处理的有效性，严重影响了信息的信度、效度。

相关报告显示：2001~2008 年，红河州投入农业信息化建设的资金不到 300 万元，最高市县 50 万元，最低的 1.5 万元。资金投入不足，农业信息采集标准化建设自然受到影响，很少有规范化、快捷化、全面化的信息采集点，与农产品相关上下游企业和农业服务商等无法建立对接的信息网络，农村电子商务的开展也遇到很大困难，信息采集体系的建设也就难以实现了。

农业信息采集处理标准化程度低给云南少数民族地区农业信息技术的应用发展带来了以下不良结果。

（1）信息化建设的服务及网站建设不到位，功能残缺不全。农业信息网络建设及网页开发应用落后，服务针对性不强，主动性、开创性不够，范围较窄，信息量较少。尽管云南少数民族地区已经建成一定数量的农业网站，可各个农业信息网站之间没有形成一致的服务标准[99]，各自为政，没能从资源整合与合理配置的角度进行良好的计划。有的地区虽然根据地区的特点建设了属于本地的农业信息网站，但建设网站要达到什么目的却并不清楚，对于电子商务产品的宣传和引流作用很小。总的来说，就是没有一个整体的规划。如果所建设的农业信息网站的功能不健全，农民不喜欢用，那么农业信息网络资源开发利用也就失去了意义。

（2）信息采集利用率低。信息中心人员配置不足，员工主动收集信息的活动受到限制，对于信息的收集和获取，很大程度上要依靠外在人员提供。同时，信息采集制度的缺失使得他人提供的信息缺乏范式和延续性，其有效性无法得到保障。另外，农业信息资源没有进行有力的开发利用，也是导致网上信息量相对不多的原因，因此造成了没有分析预测的基础数据，难以满足农村电子商务开展过程中产品的选择、农工业市场经济发展和农民群众对信息的需求。

（3）农业数据库基础薄弱。缺乏统一组织的数据库建设，其标准化程度往往不高，数据库信息的共享范围有限，数据库的运行效率低，信息的利用价值差。特别是在"瓶颈"由基础网络转向涉农信息资源及应用时其局限性更加明显。很多乡村与城市相比，通信、广播电视和互联网等信息基础设施在云南民族地区的各个农村发展具有一定的差距，但由于政府的支持和农村经济的不断发展，农村信息基础设施得到大力的建设支持，对于农村通信和农村信息化发展来说，农村信息基础设施不是信息发展的主要障碍。

（4）各网站信息质量差，生产经营指导作用有限。网站"信息孤岛"现象严重，导致了大量法规、科技、价目等信息的重复出现。在各类网站的信息中，又存在信息缺乏专业性、深度、创新性的问题，很多信息只是简单的堆积、转载。结合各地区的农业资源而进行的市场供求信息分析和对未来农业经济形势的预测更是凤毛麟角。信息宣传也存在"邀功""唱赞歌"的目的，没法做到纯粹服务农民，信息对于农业生产和电子商务产品销售的价值太低。

5.3.2　农业信息传输渠道发展不均衡

由调查结果进一步看到，目前，农民获得农业信息的方式比较少，农村信息的流传送模式是单向的，也就是从上级政府部门不断往下级的农业政府部门传递，传递方式大部分依靠电视、广播、报纸、农村干部和农技部门来完成，其中起到了最突出的传播作用且效果不错的方式是电视。云南少数民族地区经济不够发达和独特的地缘情况，导致农村信息资源贫乏，农业信息化内容单一、更新不及时，难以满足农民群众的需求。以下是 4 个少数民族自治州的调查数据。

在红河州四种信息传播媒介的应用情况的调查中，通过电视获取农业信息的占 71.0%，通过电话获取农业信息的占 19.6%，通过广播获取农业信息的占 5.9%，通过电脑获取农业信息的占 7.6%。见表 5-1。

表 5-1　红河州农民使用信息方式所占比例（单位：%）

方式	用户比例
电视	71.0
电话	19.6
广播	5.9
电脑	7.6

资料来源：调研数据，调研时间 2013 年 12 月 28 日

在大理州的被调查者中通过电视获取农业信息的比例占 70.2%，通过电话获取农业信息的占 43.1%，通过广播获取农业信息的占 21.2%，通过电脑获取农业信息的占 14.9%。见表 5-2。

表 5-2　大理州农民使用信息方式比例（单位：%）

方式	用户比例
电视	70.2
电话	43.1
广播	21.2
电脑	14.9

资料来源：调研数据，调研时间 2013 年 12 月 28 日

怒江州被调查的 88 位农民中通过电视获取农业信息的比率占到 20.4%，通过电话获取农业信息的人数比率占到 36.4%，通过广播获取农业信息比率仅占到 6.8%，通过电脑获取农业信息的比率占到 36.4%。见表 5-3 和图 5-5。

表 5-3　怒江州农民使用信息方式比例（单位：%）

方式	用户人数比例
电视	20.4
电话	36.4
广播	6.8
电脑	36.4

资料来源：调研数据，调研时间 2013 年 12 月 28 日

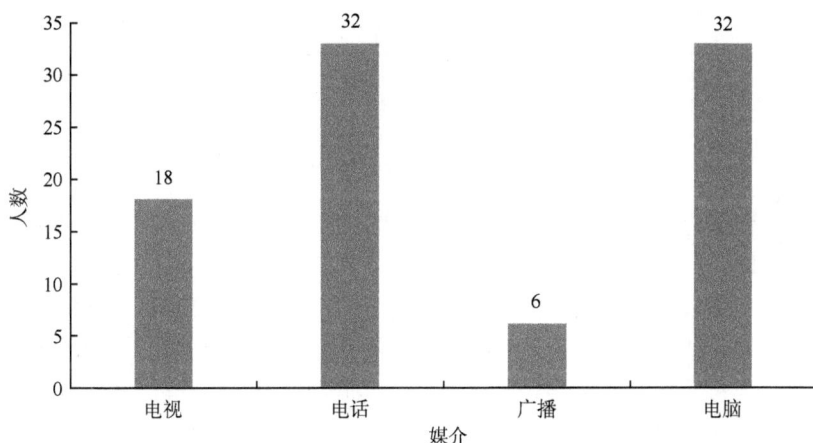

图 5-5　怒江州获取农业信息媒介调查结果

在对文山州的问卷调查中，该地区农民通过电话方式了解农业信息的比率占到 34.7%，通过电视收看、广播收听、电脑上网方式获取农业信息的农民比率分别占 25.3%、24.2%和 1.6%。见表 5-4 和图 5-6。

表 5-4　文山州农民使用信息方式比例（单位：%）

方式	用户比例
电视	25.3
电话	34.7
广播	24.2
电脑	1.6
其他	14.2

资料来源：调研数据，调研时间 2013 年 12 月 28 日

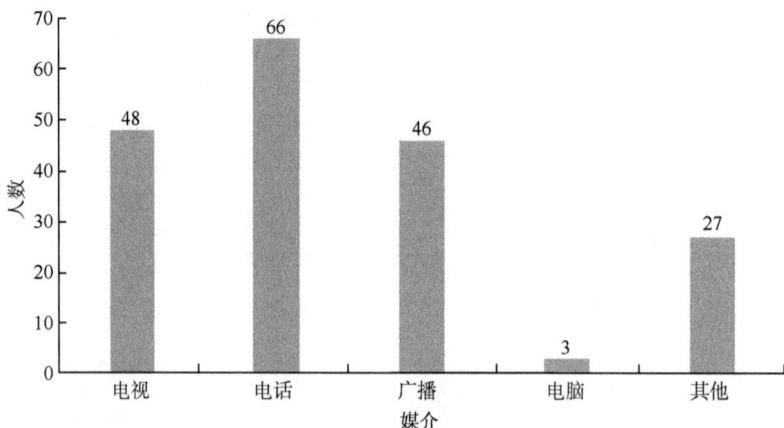

图 5-6　文山州获取农业信息媒介调查结果

从以上数据分析可知，目前拥有收音机的家庭越来越少，广播播报仅限于特定的某个时段，因此只能在该时段才能获取，信息获取不便；另外农民反映，收音机能收听到的农业信息节目有限，许多电台都花大量时间播报日渐受到人们关注的健康节目。电脑普及率低，而且 35 岁以上的农民会用的偏少。农民不了解网上发布农业信息的方法，网络信息的真伪让农民朋友没法分辨，宽带接入费比手机信息定制费更让农民朋友无法接受。就算是普及率最高的电视，其利用率也很低。在调查的过程中，很多农民即便看到一些和自己相关并且有用的信息也不会主动联系求购，即使对于农村电子商务有一定的兴趣也不会主动尝试，不会借助渠道提升价值。

调查结果表明，综合成本和便捷性两个方面，多数农民更愿意接受电视方式传递农业信息，其次是通过电话方式获得。当然农村的集体生活方式也凸显了集体的巨大影响力，农民从心理上更愿意接受村委会以及亲朋好友提供的技术以及市场信息，而对于电话、电视方式获得的信息，农民仅仅用来参考。由此可见，政府的引导是必不可少的环节。

从以上调查分析得出，农业信息传输渠道不畅主要表现为以下几个方面。

（1）电视、电话、广播和电脑的使用率差距较大，在获得农业信息方面，少数民族地区的农民还是更倾向于接受电视上提供的信息，其主要原因是由于电视这种传播媒介发展较早，在农民家中的普及率较高，农民基本每天都会接触电视，这使电视成为农民获取农业信息的主要传输渠道。

（2）电话是获取农业信息的渠道之一，大多数农民主要是用手机直接获得农业信息，而以手机短信与手机上网作为渠道的获取方式使用情况并不是很理想，说明政府在手机短信及手机上网获取农业信息上的基础设施建设和宣传是远远不够的，而农民也不愿意主动接受新的信息获取方式，导致电话渠道的发展同样不均衡。

（3）随着社会的发展，电视已经取代广播成为主要媒介，所以广播的使用已经越来越少。节目有限、信息不及时和播报效果不好导致了广播渠道的发展不尽如人意。

（4）从调查情况来看，电脑作为农业信息化的主要渠道发展较弱，主要问题在政府方面，原因是由于政府的宣传力度不足，让农民对网络农业信息的信任度不高，而且对农民提供的电脑使用方面的培训不足，造成农民觉得电脑使用复杂困难。

5.4　结　　论

经实地调研，数据分析研究表明云南少数民族地区农业信息技术的应用发展主要受以上三大因素的影响制约，云南少数民族地区信息技术发展要在"十三五"期间取得较为显著的成绩，必须克服以上三大因素的影响。

农村实现信息技术的广泛应用，最终实现信息化是农村改革和发展、建设社会主义新农村、解决"三农"问题以及农民增收的重要内容，是一项紧迫而又重要的任务。政府必须立足云南少数民族地区物产丰富和地理位置的优越性，紧紧围绕新农村建设推进云南少数民族地区农村信息技术应用，加快云南少数民族地区农业市场经济发展，充分利用电子商务，促进产业升级，调整产业结构，提高农业生产力新格局的根本要求。通过对云南少数民族地区农业和农业信息技术应用发展现状，以及信息技术对云南少数民族地区农业的支撑作用，云南少数民族地区农业信息化等影响因素进行分析，提出云南少数民族地区农业信息技术应用发展对策，希望能为云南少数民族地区农村信息化建设提供决策参考，进一步推进农村信息化的发展。

云南少数民族地区农业信息技术的应用发展在未来几年内是云南省农业发展的重中之重，必须克服困难，迎难而上，发展好云南少数民族地区的农业信息化，才能为农业进一步的发展奠定坚实的基础。

第6章　云南少数民族地区农业信息技术应用的发展重点

《中华人民共和国国民经济和社会发展第十一个五年规划纲要》中指出，要"整合涉农信息资源，加强农村经济信息应用系统建设"。"十一五"期间，我国农村信息化建设取得了较大的进步，农村基础设施建设有了较大改善①。然而，位处云贵高原的云南少数民族地区由于地势多变、情况复杂，受到地域环境、供需矛盾、制度因素和技术因素等多方面的影响，农业信息化发展远远落后于中东部地区，还有很多基础性的问题亟待解决。

"十二五"期间，我国完善了现代农业产业体系，推进了农业结构战略性调整，推进了农村信息基础设施建设，提高了农业生产经营信息化水平。为了更好地推动云南少数民族地区农业信息化的进程，有效促进云南省农业的现代化发展，当前一定要按照《中华人民共和国国民经济和社会发展第十三个五年规划纲要》（简称国家"十三五"规划）的目标和要求，结合云南少数民族地区目前农业信息化建设发展存在的问题，对未来云南少数民族地区农业信息技术应用的发展重点有深入的把握和考虑。

6.1　农业信息技术应用发展目标

云南省农业信息技术应用发展的总体目标可以概括为：夯实农业信息设施基础，提高农业信息资源利用，提升农业信息技术装备，健全农业发展服务体系，实现农业农村信息化建设取得明显进展的目标①。完成云南少数民族地区信息化从起步阶段快速过渡到推进阶段，以云南少数民族地区农业信息技术应用推动云南少数民族地区农业信息化的发展，有效推动云南省农业现代化更好更快地发展。切实解决好少数民族地区农民群众最关心、最直接、最现实的利益问题，着力改善和提高少数民族地区生产生活状况，加快农村和谐社会建设，促进云南社会经济更好更快发展。具体发展目标包括以下几点。

（1）生产信息化迈出坚实步伐①。在云南少数民族地区宽带网络建设不断加

---

① 农业部. "十三五"全国农业农村信息化发展规划. www.moa.gov.cn.

快的背景下，云南省应当乘势而为，实现信息网络在全省的全面覆盖，逐步提高云南少数民族地区农村居民电脑的拥有量。进一步提升广播、电视、互联网络、手机等的使用覆盖率，使物联网、大数据、空间信息、移动互联网等信息技术在农业生产的在线监测、数字化管理等方面得到不同程度的应用。

（2）建立健全农业信息资源，包括规范农业信息采集处理，建立农业信息应用系统，完善农业信息资源数据库等[100]。

（3）农业经营信息化快速发展①。尽量以最快的速度推进云南少数民族地区农业企业、农业生产组织和农民专业合作社信息发展的水平，大力发展以少数民族地区农产品为代表的农村电子商务，以农村电子商务的推进程度带动农产品销售信息的发布，促进农民增收。

（4）农业管理信息化建设深入推进①。云南省各级政府部门建立以发布农业信息为主导的电子政务平台，整合各部门在农业方面的资源。同时，为了有效应用信息，要建立农业应急指挥中心，从整体层面对农业行政审批制度和综合执法方面的信息进行系统的调整，大力提升农业管理信息化水平、农产品质量安全监管信息化水平①。

（5）农业服务信息化水平全面提升。一方面，基本建成省、地州市、县级的农业综合信息服务平台，使得信息服务更加灵活高效；另一方面，发展壮大信息化专家队伍，提高信息收集、信息处理能力，全面提升农业服务信息化水平①。

6.2　农业信息技术应用发展原则

《"十三五"全国农业农村信息化发展规划》中指出，要把信息化作为农业现代化的制高点，以建设智慧农业为目标，着力加强农业信息基础设施建设，着力提升农业信息技术创新应用能力，着力完善农业信息服务体系，加快推进农业生产智能化、经营网络化、管理数据化、服务在线化，全面提高农业信息化水平。结合云南省自身的农业发展状况，未来云南省农业农村工作的总体思路要按照国家农业农村未来信息化指导思想的要求，正确把握国内外形势新变化新特点，紧紧抓住国家实施新一轮西部大开发战略和云南省实施"桥头堡"战略的重要机遇，突出"稳粮保供给、增收惠民生、改革促统筹、强基增后劲"这一主线，加强农村基础设施和信息资源建设，推动农业科技进步，加强农业管理信息化建设，推进云南少数民族地区农业信息化的全面发展[101]。按照这一发展思路，云南少数民族地区农业信息技术应用和发展需要遵循以下原则。

---

① 农业部."十三五"全国农业农村信息化发展规划. www.moa.gov.cn.

6.2.1　与国家发展战略相一致的原则

农村信息技术应用发展的定位要与国家的总体发展目标和主要任务相一致。国务院《全国农业现代化规划（2016—2020 年）》提出：到 2020 年，全国农业现代化取得明显进展，国家粮食安全得到有效保障，农产品供给体系质量和效率显著提高，农业国际竞争力进一步增强，农民生活达到小康水平，美丽宜居乡村建设迈上新台阶①。满足发展现代农业和建设社会主义新农村对信息化的需要[102]。

这就要求，云南少数民族地区农业信息技术的建设和发展一定要与国家的发展战略协调一致，沿着国家农业农村信息化建设的大方针，结合地区实际情况统筹发展，才能有效促进地区的农业信息化又好又快发展。

6.2.2　政府主导、社会参与的原则

根据调查，云南少数民族地区农民信息消费能力相对来说是比较偏低的，再加上农业信息化运作机制还不够完善，因此，以政府主导，鼓励社会各方面力量来推动农业信息化建设是十分必要的。有政府的引导才能建立长效机制，让社会大众都能广泛参与，并在适合经济发展的前提下，培育良好的市场基础②。云南省各级政府在农业信息化建设中要有的放矢，通过制订有标准可循的农村信息化建设目标，合理规划和分配给部门任务，在宏观方面充分发挥其引导作用，充分激发市场活力，着眼于需求，着力于服务，着重于成效[103]。

6.2.3　符合省情、因地制宜的原则

根据云南少数民族地区农村社会经济状况、文化背景及信息化发展水平的发展情况来制定农村信息化发展战略，发展战略要符合农村发展的实际需求，能从政策支持及战略发展角度促进农村的发展。因此，云南少数民族地区农业信息技术应用发展要想达到国内相对比较发达的沿海地区水平，甚至国际上农业信息比较发达国家（如美国和日本）的水平，就一定要根据云南少数民族地区的农村经济发展的实际状况和条件来做出相应的选择。

6.2.4　统筹兼顾并能坚持协调发展的原则

云南少数民族地区农业信息发展中需统筹兼顾各方面因素：建设主体、政府相关部门和农民应用信息能力等。云南少数民族地区农业信息化建设必须坚持全

---

① 国务院. 国务院关于印发全国农业现代化规划（2016—2020 年）的通知（国发〔2016〕58 号），2016 年 10 月 20 日. www.gov.cn.
② 全国农业农村信息化发展"十二五"规划解析. http://www.moa.gov.cn.

局观念，统一规划，统一标准，统一建设①。

6.3　农业信息技术应用发展重点

云南少数民族地区农业信息技术应用的重点包括信息基础设施建设、信息资源建设、信息服务体系建设、农业管理信息化建设、信息技术应用重点工程建设等几方面的内容②。

6.3.1　信息基础设施建设

经过多年的建设，我国农业农村信息化基础设施明显改善，目前，全国所有乡镇基本都能实现上网，其中网民规模达 7.31 亿，农村网民人数也达到 2.01 亿，占我国全体网民的 27.5%，农村互联网应用水平显著提高。②从全国来看，"乡乡能上网""村村通电话""广播电视村村通"基本实现，取得显著成效。②虽然早在 2001 年 5 月，省级的云南农业信息网就已建成并开通，2003 年底，已在全省 120 多个县建成了各自的农业信息网络，但是云南少数民族地区的农业信息技术应用发展水平要远低于全国的综合水平，计算机网络，广播电视和中国移动、中国联通手机网络的覆盖率在各地区发展参差不齐，发展不均衡，总体上低于全国水平。因此，在"十二五"发展的基础上，云南省需要进一步加大信息基础设施的投入力度，夯实农业信息化建设基础，做好以下两点。

1. 大力推进信息技术基础设施建设

推进光纤入户，全面提高农村地区宽带普及率和接入带宽；改善农村地区尤其是偏远山区和贫困地区自然村的通信基础设施；进一步提高农村有线电视入户率。①推进互联网、电信网、广电网在云南农村地区的融合③，有效促进云南少数民族地区农业信息化的发展。

2. 强化网络与信息安全保障

以国家基本法律为范畴基础，全面建设云南省网络与信息安全规章制度，使农业信息安全认证体系得到完善，从而强化信息风险评估与控制。通过强化网络管控能力及网络监测，不断提高农业信息网络和系统的安全性、可靠性。

---

① 全国农业农村信息化发展"十二五"规划解析. http://www.moa.gov.cn.
② "十一五"农业农村信息化取得四方面成就. http://www.e-gov.org.
③ 全国农业信息化发展"十二五"规划. 中国国情. http://guoqing.china.com.cn.

6.3.2　信息资源建设

云南省于 2007 年正式启动"数字乡村"工程建设。"数字乡村"工程建设自开通以来，完成了以自然村为基础的涉及"三农"各个领域，包含自然资源、基础设施、农村经济、特色产业、人口卫生、文化教育、基层组织等方面的农村经济社会信息数据库的建设工作，大大缩小了城乡数字鸿沟[①]。

可以看出，云南省在农业信息资源建设方面已经做出了一些成绩，相继建立了一批重要农业农村信息数据库。云南省也积极响应国家农业信息化发展的要求，做了大量的工作。但云南少数民族地区农村信息技术的应用仅体现在通信设备基础设施的配备上，信息化水平仍处在硬件主导阶段[104]，其重要的原因是信息资源的建设还不完善。对于云南少数民族地区来说，农业信息基础设施建设尚需加大建设投入力度，农业信息资源的建设更是还有很长的路要走。因此，需要将信息资源建设作为云南少数民族地区农业信息化发展的最大重点，加大信息资源建设力度，使速度与农业信息化发展的步伐和需要相一致，推动各层次涉农信息资源的整合，为农业生产提供全程式的信息服务。

1. 农业信息资源的采集和处理

农业信息资源的内容对农业信息化建设是非常重要的。信息需要符合当地农业发展的需求才能发挥相应的作用，因此，需要严格农业信息资源的建设体系，从需求入手，完备信息资源的需求调研、采集和处理。首先需要依托省内各级农业行政部门，成立由信息专家、信息技术工作人员等不同层次评估成员组成的，并按照不同区域划分管理负责的信息需求评估小组，从包装信息可靠性、真实性和有效性的角度，对云南少数民族地区农村信息资源体系进行有效构建。与此同时，构建农村信息资源体系，要以信息用户的实际需求为出发点，通过多种渠道和多种采集方式又快又准地对信息进行有效报送，使其成为可发布的有用信息。

2. 应用系统和信息资源数据库建设

在当前云南省"数字乡村"工程的基础上，进一步完善农业应用系统的建设。建设农业专家系统、农业决策支持系统及农业管理信息系统等，依托不同的系统平台，从不同的角度为农业生产提供指导和帮助，实现科学的农业生产。信息数据库是农业信息化的核心，要加快农业信息标准的制定和实施，实现涉农部门间的信息交流与共享，对信息技术规范和标准进行合理的统一，从而加快云南少数民族地区农业信息资源的应用，推进农业信息资源数据库的建设。

---

① 中国农业农村信息化发展报告. 2012. http://wenku.baidu.cn.

3. 云南省特色资源建设

全国各地的农业既有共性，又有差异性。由于地域环境、社会经济环境的原因，各地农业发展各有特点，也各有需求，因此，云南省的各地州市需要根据本地区少数民族地区农业的特征，有计划地开发特色信息资源。要大幅度提高农业的产业化发展水平，就必须对市场、政府和组织三者之间进行农业信息资源的有效整合，并对农业信息资源从大处着眼建设，最大限度地提高农业的管理水平，预防和控制各类风险，充分发挥政府引导、服务和控制的职能作用。加大适合本地发展需求的重点数据库建设，避免重复性劳动，根据用户的信息需求制订开发计划，注重开发与少数民族地区特色农业相结合的数据库，突出地域特色，突出为本地区农业生产服务、与现代农业结合的特点。可以有计划地培育一批专业化的农业信息服务商，激发市场活力，带动区域农业重点特色信息资源的建设。

4. 信息资源的共建共享

实现资源的有效利用的前提是信息资源共建共享，信息资源共建共享是现代农业发展的必经之路。因此，要加大信息资源的整合力度，建立共建共享机制。农村信息资源内容丰富，大量的信息资源过于分散，再加上没有有效的互通互联方式，云南少数民族地区的信息资源混乱且没有层次，这样的局面不能适应当前资源共享、科技创新的紧迫性。然而，随着现代农业和市场经济的发展，云南少数民族地区的人民对信息的准确性和系统性要求不断提高，对农业种植有用并能提高质量的要求期望也越来越高。因此，需要把云南少数民族地区各级地方政府及各个渠道的信息资源加强共建共享，努力形成相对比较完善的农业信息资源网络体系，从根本上满足云南少数民族地区农村经济发展对信息资源建设的要求。

因此，应该努力加强相关农业部门的协同发展，全面建立信息共享资源库。而对于信息资源的进一步开发，要把握这几个方面：一是开发各部门、各地区、各对象都能使用的信息采集软件，对农业信息软件进行数据标准化规定，统一发布公用信息，最终实现全系统的共享。二是建设有效的信息资源采集和处理管理体系，用严格的审核控制系统来确保信息的真实准确性。三是制定完善的信息服务标准体系，实现农业信息资源的有效共享。云南少数民族地区信息资源建设要以国家、省地农业专业数据库为依托，以农村信息服务需求为导向，集成本地各类信息资源[102]建立云南省各级行政区域都有且又各具特色的资源数据库，实现信息共建共享。

农业信息资源的建设要以农业信息化带动农业现代化发展为重点，要以信息技术研究创新为动力，以需求为导向，逐渐完善农业信息资源建设的标准和规范，促进农业信息资源系统和数据库的建设，突出区域特色，重视特色重点资源的建设，加强对信息人才的培养，努力健全该方面的政策及法律法规，对农业软件产业和农业信息服务业进行大力发展，把信息意识和信息市场发展、人才建设、农业信息技术开发等内容结合起来，全面推进云南少数民族地区农业产业化和现代化进程。

6.3.3　信息服务体系建设

国家"十二五"规划中指出，要健全农业社会化服务体系。提高农业公共服务能力，促进乡镇或区域性农业技术的发展和推广，做好动植物疫病防控工作，重视对农产品质量的监督及管理。发展农业社会化服务组织机构，支持农民专业合作组织、龙头企业、供销合作社、农民经纪人等形式，为发展农业信息化提供多种形式的生产经营服务，使农产品流通服务得到长足的发展，为建设流通成本低、运行效率高的农产品营销网络打下坚实的基础。"十三五"期间，国家将大力发展农业农村信息化作为加快推进农业现代化、全面建成小康社会的迫切要求。国家"十三五"规划提出推进农业信息化建设，加强农业与信息技术融合，发展智慧农业；《国家信息化发展战略纲要》提出培育互联网农业，建立健全智能化、网络化农业生产经营体系，提高农业生产全过程信息管理服务能力；《全国农业现代化规划（2016—2020年）》《"十三五"国家信息化规划》也对全面推进农业农村信息化做出总体部署。虽然我国农业信息化取得了一定的成效，但农业信息服务体系还存在一定程度的问题。由于信息基础设施和信息资源建设不够完善，云南少数民族地区对信息需求和信息供给存在较大程度的不平衡，农业生产的盲目性很大，经常出现农产品"增产不增收"现象。因此，建设好云南少数民族地区农村信息服务网络体系，是云南省农业信息化的建设发展重点内容[105]。

1. 完善信息服务体系

稳步推进、规范基层信息服务站点建设，通过引入企事业单位建立农村信息服务点，提高基层农村信息服务水平。以各级农业信息化管理和服务职能机构为依托，融合专职人员和兼职人员，形成人员数量分配合理、知识结构合理、具有层级性的农业农村信息化管理服务队伍和专家咨询队伍。从种植大户、种植技术能手、农户农产品经销商、农民专业合作社和大学生村官等群体中选拔农村信息工作人员，提高他们的农民信息服务意识，达到提高云南少数民族地区农民运用农村信息的能力，促进云南少数民族地区农村信息化的建设。

2. 完善信息服务平台

按照农业部 2010 年制定的《农业行政部门网站建设标准与管理规范》，继续深入推进"三电合一"综合信息服务平台建设，通过电视、电话、电脑及移动信息群发机四种信息载体的有机结合，实现优势互补、互联互动，将农业信息传播到千家万户，使农民不出家门就可了解到他们所需的信息。建立农业综合信息服务平台，加强与电信电网运营商、信息设计和研发企业等的合作，充分利用 4G 等现代信息技术[①]，健全呼叫中心信息系统、手机报、双向视频系统和短彩信服务系统等信息服务支持系统，将农业方面的相关政策、农产品交易市场、农作物种植科技及牲畜养殖技术和管理等各个方面的信息服务提供给广大农民、农业相关企业等用户。

3. 探索信息服务长效机制

云南少数民族地区农业信息技术的应用发展要探索一种方式，这种方式是：以公益性服务政府为主导、以非公益性服务市场运作的方式来进行信息服务机制的构建[②]，形成"政府主导、市场运作、社会参与、多方共赢"[①]的具有指导意义和符合云南少数民族地区农民需求的农业信息服务格局。在农业信息服务的法律法规体系方面，实现对信息服务主体行为的有效规范。在农业信息服务可持续方面，要根据云南少数民族地区发展的实际情况，找出有效可行的发展模式，促进农业信息服务的可持续发展，为优化信息服务提供良好的环境，建立农业信息市场以符合市场经济发展目标，从而为信息服务长效运行提供基础条件。

6.3.4 农业管理信息化建设

近年来，随着中国农机推广网、中国农机新闻网的不断健全和发展，中国已经形成了以中国农业机械化信息网为龙头、以各省市农机化信息网为基础的农机化信息网络体系。积极开展农机管理电子政务系统建设，启用农机安全监理信息系统、农机行业职业资格证书查询系统，形成了农机政务信息报送系统，组织开发了全国农机化的统计系统等。云南少数民族地区农业信息化未来的发展需要农业管理信息化的配合，因此，要有效推动和促进云南少数民族地区农业管理信息化的发展，并使之与农业信息化发展的其他内容相互促进。具体而言，主要包括以下几方面。

---

① 全国农业农村信息化发展"十二五"规划. 中国国情. http://guoqing.china.com.cn.
② 全国农业农村信息化发展"十二五"规划解析. http://www.moa.gov.cn.

1. 农业资源管理信息化建设

云南少数民族地区要做好两个推进：首先，推进农业耕地监管层面的信息化建设①。对耕地土壤质量、农田土壤情况、农业用肥和肥料效果等内容进行有效的监测，从根本上为提升土地使用效率和科学管理提供决策支持。其次，推进农产品养殖水面和水质资源管理信息化建设①。对此，要对省内养殖水面面积进行测量，对养殖结构进行合理的规划，对水面质量进行深度的、有利于农产品养殖层面的监测，重点加强水域生态环境和水质安全方面的监测能力建设。另外，要完善信息资源监管体系，加强信息的标准建设和规范化管理，起到对农业信息基础设施和信息资源实施有效监管的作用。

2. 农业行业管理信息化建设

推进云南省农业各方面管理信息化建设，对农业中的渔业、畜牧业、农产品等行业进行有效的监测，对其发展进行合理有效的预测，提高农业主管部门的农业管理效率，实现农业资源的优化配置和管理层面的统一指挥，实现整体上提高云南省农业信息化的水平。建立以农机安全监理信息监控为中心，用其监控与指导农机市场②。这样就能对监测农产品贸易信息的真实性有所保证，达到实时与国际农产品价格相对比，形成完善农业产业的监测预警体系，使云南少数民族地区的农产品加工业健康发展，最终完成农村集体资源管理信息化建设。

3. 提高农业综合执法信息化水平

建设行政许可审批信息管理系统，实现行政许可审批信息化，提高审批效率，重点完善种子、饲料、农药等经营许可证审批流程①。加强利用信息化手段宣传农业管理的法律法规，增强信息报送、投诉举报、监管记录、案件督办、档案管理等功能要素，对农业违法的典型案例进行依法严格的处罚和追究相关责任，并对这类事件进行及时广泛的曝光，努力营造综合执法的良好氛围。

4. 农产品质量安全监管信息化建设

为加强政府的有效监管，使云南少数民族地区的农业用户及时了解农产品质量安全权威机构发布的信息，提高农业用户的法律意识并维护其自身合法权益，应建立覆盖云南省市县三级行政管理部门的农产品质量安全监测信息管理平台，实现监测数据采集、上传、分析、查询、直观表达、风险分析和监测预警等功能①。

---

① 农业宏观经济.新浪财经. 农业部十二五将推进各部门涉农信息资源整合. http://finance.sina.com.cn.
② 全国农业农村信息化发展"十二五"规划解析. http://www.moa.gov.cn.

5. 农业应急指挥信息化建设

要提高云南少数民族地区预防和处置突发农业公共事件的能力，应结合云南少数民族地区的特点，建立云南省农业应急指挥信息系统，及时掌握农业重大自然灾害、森林火灾、农业重大有害生物及外来生物入侵、渔业船舶水上安全、农业重大动植物疫情疫病、农产品质量安全事故等农业突发事件信息[①]。

6.3.5　信息技术应用重点工程建设

云南少数民族地区农业信息技术的应用和发展要与国家的政策方向一致，要紧紧抓住国家农业信息化建设工程的良好契机，加大投入，扩大范围，深入发展，在此基础上结合地方特色，促进农业信息技术的应用和农业信息化的进一步发展。

1. 金农工程二期

金农工程在前一阶段取得了良好的效果，未来，要继续按照金农工程的指导思想和相关要求，完善云南少数民族地区信息服务网络和各项配套设施，合理更新基础运行环境硬件设施，努力建设适用性更强的应用支撑平台系统。对于各信息应用系统，应按照要求不断建设更新，加强和完善农产品质量安全信息系统、农产品供给安全信息系统、农业安全生产信息系统、农业资源管理信息系统的建设；加大农业信息标准制定和推行的力度是农业信息化各机构要努力做好的内容，这样才能推进各农业部门整合与农业相关方面的信息资源，实现与农业相关各方面的数据的共享和广泛的兼容。

2. 农业信息化建设工程

按照国家"十三五"规划的相关要求，坚持把信息进村入户作为现代农业发展的重大基础性工程来抓，将其打造成"互联网+"在农村落地的示范工程。加快益农信息社"整省推进"建设速度。构建信息进村入户组织体系，不断完善部管理协调、省统筹资源、县运营维护、村户为服务主体的推进机制。努力建设和改善云南少数民族地区农产品批发市场信息平台及农产品电子商务平台，提高交易效率，降低交易成本，扩大平台影响力；同时，要综合应用农产品条码标识技术和无线射频（radio frequency identification，RFID）、电子数据交换（electronic data interchange，EDI）、地理信息系统等，不断开展农产品质量追溯信息化建设，提高农产品质量及安全水平。

---

① 全国农业农村信息化发展"十二五"规划. 中国国情. http://guoqing.china.com.cn.

3. 农业信息服务工程

云南少数民族地区农业信息服务工程要按照"着力完善农业信息服务体系，加快推进农业生产智能化、经营网络化、管理数据化、服务在线化"的思路来建设[①]，通过以省、地市、县和镇四级农业综合信息服务平台体系为重点来进行农业信息服务工程的构建，从运行管理标准规范的制定角度来实现农业信息服务的及时性和精准化。需要完善省级农业综合信息服务平台建设，同时，加快推进地市级、县级农业综合信息服务平台建设，进行地市数据中心、地市平台中心和地市业务中心的建设工作，做好省、市、县三级信息服务平台体系的对接。与此同时，要建立健全县级信息服务平台，面向少数民族地区农民开展好信息咨询和相关的培训工作，以保障信息服务平台应用的有效性。

---

① 农业部. 关于印发《"十三五"全国农业农村信息化发展规划》的通知. http://www.cjst.moa.gov.cn.

第7章 云南少数民族地区农业信息技术应用发展对策

农业发展是国家的根本，近年来，国家加大农业投入，积极推进农业信息化的发展。云南省在国家相关政策及金农工程的引导扶持下，也在农业信息技术应用方面做出了大量的努力，加大基础设施投入，积极推进"数字乡村"工程，取得了一定的成效。然而，由于受到地域环境和农业发展基础等因素的影响，云南少数民族地区农业信息技术的应用发展与全国先进水平还有较大差距。当前，我国加大了对民族沿边地区的扶持力度，加上"一带一路"倡议的实施，为云南打造具有内陆特点的开放型经济提供了契机。云南省要充分利用这难得的历史发展机遇，针对云南省农业信息技术应用当前存在的问题，根据云南少数民族地区农业发展的特点，充分参考和借鉴国外与国内其他省市农业信息技术应用和发展建设的良好经验与做法，积极发展，不断改进，推动云南少数民族地区农业信息技术应用发展，带动云南省社会经济的全面发展。

7.1 发挥政府作用，构建智慧农业格局

20 世纪 80 年代初，智慧农业在美国兴起。由于信息技术和智能化技术的快速发展，农作物栽培管理、测土配方施肥等农业技术成为早期智慧农业发展的萌芽。到了 20 世纪 90 年代，卫星定位系统广泛应用，信息技术广泛普及，农业生产获得极大的发展。到 21 世纪，智慧农业发展形成规模，增强了农业生产能力，提高了农业生产效率，使农业成为持续高效产业。智慧农业不仅是一场技术信息革命，而且是农业发展理念的重大变革。它利用现代智能技术，通过精细化的管理，实现对农业生产和农业产品的控制，从而达到更加智慧的目的。中国发展智慧农业起点比较晚，缺少对智慧农业发展理念和发展形态应有的重视。在实践层面上，又面临思想观念和现实制度等方面的问题与挑战。为助推云南农村电子商务发展，2015 年 2 月以来，阿里巴巴集团与云南省人民政府及各相关职能部门加强合作，在全省范围内大力推进农村淘宝网点建设运营工程。至 2016 年 8 月，阿里巴巴集团旗下的"农村淘宝"已与云南省 7 个州市的 15 个县签约合作，至 2017

年 3 月达到 40 个县。在当前推进云南省农业信息技术应用发展的过程中，应当继续充分发挥政府的推动作用，转变观念，借鉴国内外智慧农业发展的积极经验，加大农业信息技术投入，创建良好政策环境。

7.1.1　转变思想、更新观念

过去，云南省主要以传统农业作为发展的根本，而在信息技术快速发展的今天，各级政府应当及时转变思想、更新观念，结合云南省农业发展的实际，将"互联网+"的理论与实践相结合，将信息化建设放在与工业和农业发展同等重要的位置，正视信息化时代互联网和信息技术在农业发展中的助推作用，积极探索利用信息技术的手段改变传统产业中的生产力和生产关系的模式与路径。通过出台具体农业政策、加大农业人才培养培训力度等，形成政府主导、农民参与、社会支持的农业发展格局。在实践层面，还要通过政府政策引导、知识宣传、项目评估等方式和手段，及时把握智慧农业发展的新情况、新问题。通过举办智慧农业发展经验交流会、高层次专家座谈会等形式来提高智慧农业建设的思想认识，构建智慧农业格局，让信息技术更加广泛地应用于云南少数民族地区，提升农业生产力，助推农业发展。

7.1.2　加大对信息技术应用投入

随着第三次信息革命的到来，智能化自动控制技术、卫星定位技术及信息通信技术的不断普及，农业生产方式和生产理念也开始发生重大的变革。政府相关部门要重视农业生产技术资金和物质投入，提高农业生产的技术水平，更新农业生产的技术设备，为农业生产提供坚实的物质基础。同时还要重视现代农业信息技术的推广，特别要重视对农业的测土栽培技术的应用，重视对计算机控制技术的推广，加大对农作物监督管理技术宣传，真正地把现代信息技术应用到农业生产过程中。

在农业信息化建设初期，无论是硬件设施的建设、软件的投入还是信息的收集处理工作都需要大量的投资，这会给乡镇一级的政府带来巨大的财政负担，因此，各级政府应当针对农业信息化建设充分协调和统筹资金，提高财政经费的使用效率，积极吸引社会资金投入到农村信息化建设当中，加大对信息化建设的资金投入。其中包括：①大力发展现代种植业，构建新型农技推广体系，强化农业科技社会化服务体系建设，探索建设农业科技服务云平台，强化科技进村入户服务[①]。②要加强农业信息技术的科研投入，鼓励政府相关部门的研究工作者和各大高校农业信息方面研究的专家学者对农业信息化技术和农业信息网络建设进行研究。通过设立专项科研基金，促进和带动农业农村信息化发展建设的相关问题、

---

① 云南省人民政府. 云南省国民经济和社会发展第十三个五年计划纲要, 2016 年 4 月. www.yn.gov.cn.

政策、模式及发展的研究。③加大对农业信息化龙头企业的扶持力度，帮助其调整产业结构，优化组织管理，鼓励创新发展，以农业产业化发展促进农业农村经济社会的现代化建设和信息化发展。

7.1.3　创建良好政策环境

由于农村信息化建设具有投资大、风险高、投资回报周期相对比较长的特点，企业往往没有较高的参与热情，参与的程度也不高，政府此时应该在信息建设的相关政策上给予扶持，一方面落实政府引导农业信息化建设的指导方针和政策；另一方面，建立鼓励的政策体系。鼓励相关的信息开发和建设企业进驻农业信息化领域开拓市场，给予企业一定的政策保障，保障企业在开拓农业和农村信息化建设中的利益，对参与各方的利益进行保护，规范农业信息化建设中的相关问题，以使农业信息化建设得到切实保障。对于企业来说，应积极寻求当地政府的支持，为推广当地的特色农产品，政府不仅能给广大农民提供良好的公共网络信息平台，还会通过制定资金投入等方面的一系列制度来保证政策扶持，从而提高当地农村信息化水平。

7.1.4　全局统筹规划，分层次推进

云南省各级政府既要加强对农业信息化建设的全局统筹规划和全面部署，又要避免贪大求全的错误。在对云南省农业部门、统计部门现有的信息人才和信息资源充分掌握的前提下，利用现有信息资源对具有信息化优势的区域进行优先发展。同时宽口径对农业信息进行收集，对已有信息进行补充和完善。在保证优势区域的示范作用的前提下，逐层向较为落后的区域推进。努力首先在全省形成 10 个左右的示范区域，在对示范区域农业信息化推进工作经验总结的基础上，再将成熟的模式和路径推广到云南省的其他地区。总之，云南省农业信息化的实现需要一个过程，在这个过程中政府需要扮演好自己的角色，一方面作为参与方搞好人才队伍配置、基础设施配置、财政支持等方面工作；另一方面作为服务方，积极引导农民在农业信息化过程中发挥作用，帮助农民参与到农业信息化建设当中，从而促进农业信息化更好、更快发展。

7.2　健全服务系统，打造统一信息平台

基于云南少数民族地区的特殊性，云南省应在总结相关经验的基础上，借鉴目前我国已经开发出的农业决策系统，组织相关技术人员开发出适合云南省实际情况的农业信息管理服务系统。以这个系统为依托，建立以主要农作物、水产和

畜禽为对象的生产全程管理系统，促进云南少数民族地区农业生产的科学管理和先进技术的推广与利用[106]；同时，从有效促进农业科技推广，为农民提供合理有效的农业科技咨询服务和对其进行有序的农业教育、培养农业信息人才角度推动信息化建设的快捷传播，从农业信息传播效率提高的层面，获得云南少数民族地区有效的经济效益和社会效益。

云南省要建设少数民族地区农业综合信息门户网站，建设统一信息平台，整合农业信息资源，该系统至少应包括以下子系统。

（1）基于电子商务的农业信息系统。该系统包括农产品试产行情播报、农副产品电子商务平台、农副产品物流服务平台、电子交易及支付系统。主要解决农业生产资料及农产品市场信息化问题，为少数民族地区特色农产品市场供销信息的发布、农民生活消费信息化等提供信息化支撑。丽江华坪金芒果生态开发有限公司借助企业官方网站，与褚橙公司电商平台、云南特产网等网络运营商合作，搭建了网络销售芒果的电子商务农业信息系统，2014 年已通过电商平台宣传，实现销售额 2 000 多万元，其中线上销售 20 余万元，其余的销售都是通过电商平台宣传、产品推介会后各地客商形成的采购，尽管 2013 年、2014 年电商都出现了一定的亏损，但公司对电商的发展前景还是比较看好，通过电子商务的投入，公司销售额也迅速增加，到 2015 年网络销售实现了盈利十余万元，提升了产品的知名度，也刺激了线下的销售。

（2）基于电子政务的农业政务系统。该系统主要是为少数民族地区农业政府部门提供信息技术支撑，解决农业资源和环境信息化、农业政策法规信息化和农村科技教育信息化等问题。

（3）基于农业科技的应用系统。该系统主要解决农业生产与管理信息化，实现农业生产自动化、农产品质量安全监测与追溯等。例如，集成应用计算机与网络技术、物联网技术、音视频技术、传感器技术、无线通信技术及专家智慧与知识平台，实现农业可视化远程诊断、远程控制、灾变预警等智能管理；实现对农业生产环境的远程精准监测和控制，提高设施农业建设管理水平，运用推理、分析等机制，指导农业进行生产和流通作业。

7.3　完善制度建设，努力拓展多元渠道

7.3.1　加强农业信息标准化和相关法律法规建设

长期以来，云南少数民族地区的信息化工作缺乏可以作为参考的依据和标准，以致影响到了农业信息资源的建设和利用。虽然发达国家和中国发达的地区有许

多可以借鉴的标准，但由于云南少数民族地区经济水平和信息技术应用水平与这些地区存在较大的差距，很难找到一套可以完全应用于云南省的标准体系和指标。云南省只有运用现有农业标准化体系中合理且可行的概念、技术、方法和规程，并结合自己实际情况和经济发展水平来制订一套可以解决自身在农业信息化建设过程中存在问题的方案。同时，云南省也需要借鉴和参照国际信息化的惯例与国家法律法规，制定适合于省情的农业信息化相关技术标准和管理规范，提高地区农业信息资源的质量和精度。

同时，在信息犯罪和互联网犯罪日趋上涨的今天，还应参照《中华人民共和国网络安全法（草案）》的相关条款，制定云南少数民族地区农业信息化建设的相关法规，以保障相关信息和网络的安全。积极采用先进的技术手段，保障网络信息的顺畅、安全和合法，避免受到网络外部的攻击和信息的泄露。

7.3.2　努力建成农业信息监测网，实现检测的网络化

信息化建设的一个重要组成部分是监测网的建设与运行，云南少数民族地区监测网可以以公安部门网络监测系统和广电部门的监测网为主要依托，将互联网、无线网络和信息遥测技术等多种方式有效结合，形成省、市、县、镇四级的云南少数民族地区农业信息化的信息监测网。同时，对监测网也应当有严格的管理规范，配备足够的监测人员进行强有力的监测，从规范、技术准确和先进可靠角度形成能与全国农业信息网络同步的监测网体系。

7.3.3　逐步完善信息共享机制，建立多元化的信息发布渠道

在农业信息化发展过程中，信息共享是发展的关键。只有在信息传播的各个环节中消除信息壁垒、联通信息孤岛，才能让信息充分流动起来，挖掘出信息的最大价值。在这个提升过程中，电话网、电视网、电子计算机网络、广播电台和短信提醒服务的相互联通是实现农业信息真正进入农民的基本手段，这些手段的使用是当前解决农业信息服务问题的具体措施。因此，在探索云南少数民族地区农业信息服务的方法、方式和措施上，要综合考虑农业信息服务和农业信息是否具有很宽的传播渠道，使二者协调推进，从而形成信息量充实、层次多，满足各类农民需求的多元化信息服务。同时，完善的信息化基础设施及较高的网络普及率是农村电子商务快速发展的支撑条件。我国要结合农村的自然环境、经济条件和社会状况，夯实各项惠农措施，加大向农村通信网络、交通物流等基础设施的财政投入和项目建设的倾斜力度，出台优惠政策鼓励中国电信、中国联通、中国铁通等网络运营商进农村，加快实现村村通宽带，不断降低农村上网成本，提升

网络信号质量、覆盖率和上网速度。要对农村交易市场加强监管和提升服务，规范市场秩序，建设信用环境。因此，在云南少数民族地区农业信息化建设的过程中，应结合实际，巩固和扩充信息传播渠道，有效、合理尝试不同的信息服务形式。具体可通过以下几个方面实现。

1. 充分发挥广播电视网络优势

1999 年，云南省就逐渐建设和完善了有线电视传输网，由省会昆明到各地、州、市的光缆里程 4 010 千米，入网用户达到 250 多万户；2000 年，与全国广播电视传输网进行了联通，由此形成了广泛的域网内新闻传送、节目交流、实况转播等[106]，并且为开展以信息的交流为特点的综合信息业务奠定了基础，也为农业信息通过有线电视网传播提供了广泛的基础。截至 2015 年 6 月，云南省光缆总长度达 64.5 万千米，比上年末新增 5.6 万千米，宽带用户规模 442.5 万户，互联网宽带接口端口 856.9 万个。今后，随着云南少数民族地区各行政级别区域范围内电视台、电视网络和互联网网络与教育部、商务部等有效的联通，能实现全国各大涉农网络与云南少数民族地区网络的相互补充，为云南农业信息技术应用提供新的发展方向和途径。

2. 建设四级信息网络平台

根据云南少数民族地区情况，制定符合云南省实际情况的省、市、县、镇四级网络建设规划，并以建设规划为指导，找出突破口来促进这四级信息网络的融合和延伸。在建设过程中，要坚持统一性和开放性的原则，要注重各网络平台之间的兼容性和平台自身的可扩展性，以实现省、市、县、镇等地区的农业信息网络联动和农业信息资源共享的信息应用模式。

3. 建立农业卫星信道服务网络

农业卫星信道服务网络的建设，对农业信息化发展有很大的促进作用。在宽带普及率有限的情况下，卫星信息是一种有效形式。卫星信息传输将带来文字、图像、声音等多样化信息服务，图像和图文结构的形式有助于农民接受并理解相关农业方面的信息，促进他们运用农业信息进行农业生产。这样的结构层次，就能把卫星网和互联网进行相互结合，实现农业和农村信息服务的全面发展[107]。

4. 开发多媒体信息资源

农业多媒体数据资源是指各种媒体、介质中的非结构化的数据，如图像和声音等。从云南少数民族地区农村用户的知识水平和应用知识能力的角度来考虑，开发多媒体数据资源,以多媒体教学课件、视频和光盘等形式,将各类信息元素有效组合[108],便于不同教育水平与不同接受能力的农民所认知和理解[109]。

7.3.4 拓展农村信息传播途径,大力推广移动终端

根据 2017 年 8 月中国互联网络信息中心发布的第 40 次《中国互联网络发展状况统计报告》显示,截至 2017 年 6 月底,我国网民达到 7.51 亿,农村网民为 2.01 亿,占比 26.7%,手机网民规模达 7.24 亿。手机移动网络之所以发展迅速,主要因为其使用门槛低、成本低、携带方便、操作简单等。随着手机成本的降低与操作的简单化,在农村地区推广手机移动网络变得比较简单,普及率正在大大提高。手机功能强大,集交流沟通、信息获取、社交互联、游戏娱乐、电子商务、支付消费于一身,一切服务都可以在其中完成,已经成为农民重要的互联网应用平台,农村移动电子商务具有巨大的商业价值和应用前景。

7.4 挖掘信息需求,积极加强宣传推广

云南少数民族地区的农民对获取农业相关的信息非常渴望,但文化水平不高和对当前相对比较先进的信息获取方式不熟悉,导致他们没有相应的能力从互联网网络和移动通信网络方面获得信息。在学习电脑操作和通过互联网寻找所需要的相关农业信息和知识时,他们内心既渴望又畏难。固定的、传统的思想,长久以来传统的农业模式和粗放式的农业经营方式,成为制约农村农业信息化建设的现实因素。由此,在充分了解农民信息需求的基础上,要充分发挥县乡农业技术推广站和农业经济经营管理站的指导作用,通过依靠村组干部、农村经纪人等的指导和引领,教会农民及时收集、传播、反馈信息,提高农民有效解决运用农业信息促进农业发展的能力。同时,加强科普宣传和教育,从根本上提高农民信息利用和运用的能力素质[110]。

另外,在组织农业信息内容方面也要充分考虑到农民的真正需求,应针对不同地区的实际情况开展充分的调研和走访,了解农民的真实需要和困难,才能收集、整理出真正适合农民实际情况的信息,也只有农民真正需要的、对于农业生产有帮助的信息,才能充分调动农民去获取和使用信息的积极性与主动性。

为了切实提高农民基本文化知识水平和运用现代化的手段获取农业信息的能力,乡镇县市各级政府可选择农民比较集中的地方设立培训站和义务宣传点,系统地对农民开展信息技术和网络技能的培训;在培训过程中用具体的事例引导农民认识信息在现代农业中的重要作用,培养农民应用信息的科技意识、市场意识

和信息意识，让他们具有信息收集、信息应用、信息辨别和信息反馈的意识和能力[111]。

云南省各州市农业部门应在农业信息技术宣传中发挥宏观调控的作用，首先，要重视"最后一公里"的建设，加快各农业信息需求主体的上网步伐；其次，要扶持中介组织向农民发布信息，因为这些信息针对性和有效性较强；同时，要充分利用传统媒体向广大农民发布各类农业信息，扩大传播面；然后，相关机构人员要深入到农民中去，利用集市、节日等向农民发布信息；最后，采用召开农业信息发布会、种植节等多种形式，向农民发布信息，以加快信息应用的步伐[112]。

7.5 培养专业人才，提高信息服务质量

由于云南省农村劳动力文化素质普遍较低，云南少数民族地区信息化意识较为淡薄，严重影响了农业信息技术的应用和发展。因此，在推进云南少数民族地区农业信息技术应用中，信息技术人才的培育和开发是关键，当务之急是要在云南省部分区域内建立一支责任心强、事业心积极向上、科学文化修养造诣深厚、对云南省农业信息技术建设具有主要推动作用的信息化人员队伍，从而带动整体信息化人才素质的提高。

云南少数民族地区农业信息化建设方面人才的短缺已成为当前该地区推动解决"三农"问题的主要制约因素，而云南省作为少数民族聚居地区，这类问题尤其突出。从人才教育培训的角度出发，云南省内各院校如云南农业大学、西南林业大学等可以根据云南少数民族地区信息化建设的具体情况设置农业信息化专业，选择云南大学、云南农业大学等重点单位设置硕士、博士学位点，加大对云南少数民族地区信息化资源开发、农业技术、农业整体政策的研究，从而为云南少数民族农业信息化提供智力和人才支撑；同时，各省级、市级单位选派农业科技骨干到农村信息发展比较先进的地区进行参考学习，让云南省内相关农村信息工作者开阔农业信息化视野；建立农业信息人才竞争、流动和激励机制，从制度和政策方面吸引大批国内外信息科技人才到云南工作[106]。云南省要逐步改变农民传统的生产生活方式，必须加强各类职业技能培训，特别是农村电子商务方面，需要提高农民电商认识、意识、素质和能力，吸引各类人才和资金回流，为农村电商发展奠定坚实的基础。一是通过定期开展送知识、送文化、送科技活动，营造电商发展的舆论环境，对农民进行上网和电商基本知识培训；二是依托新型职业农民培训、农村远程教育培训等各类惠农政策和手段，抓住农村重点对象，让农民自身既是电商的参与者、消费者，也是受益者和获利者；三是充分发挥农业

部门的引导作用，通过各类农业、农民协会等社会团体的组织协调，利用涉农企业的宣传赞助，采取多种不同形式，调动农民学习的积极性；四是以政策和机制引进或吸引一大批年轻人、大学生或外出务工者回乡创业，领办企业和发展电商[113]。2016 年 5 月，阿里巴巴集团与共青团云南省委合作启动开展"百县千村万名英才"项目助推农村青年电商培育工程。根据规划，到 2020 年，云南将培训农村电子商务从业人员 15 万以上。积极响应国家"大众创业，万众创新"的号召，引导和鼓励大学毕业生回乡创业，把先进的知识和理念带回家乡，促进家乡经济水平发展的同时也提升当地信息化建设的水平。

第8章 云南少数民族地区农业信息技术应用发展的基础保障

农村农业信息技术应用是一项复杂且需要不断促进和坚持的系统工程，需要政府各部门实施政策、各主体投入资金并全力组织和管理，以提供有力保障。

8.1 政策保障

云南少数民族地区农业信息技术应用发展应当根据国家及云南省农业农村信息化的发展趋势，加快制定云南少数民族地区信息技术应用中长期发展规划、专项规划，落实各项信息化建设举措。一方面，要加快研究云南少数民族地区农业信息化建设的推进政策，从政策和资金力度方面，鼓励创业和创新，大力扶持信息技术研发部门和信息设备开发企业与部门。另一方面，可通过补贴使用信息设备的方式，激励农民采取和使用现代化的信息技术设备，把相关的补贴纳入促进信息化建设的惠农政策中。

8.2 资金保障

云南省各少数民族地区信息化机构应争取国家级、省级的财政支持，省政府也应加强对这些地区信息化资金的重点扶持和监督。应努力利用政策手段来增加农业企业及个人的银行贷款扶持力度，在保障农业产业安全的前提下，降低农业市场进入的保护壁垒，合理有效地引导云南少数民族地区一些比较出色的农业企业、信息通信方面的企业和从事 IT 设计与使用的企业等进行社会资本的投入，在宏观和微观层面助推农业信息化项目、农业化基础设施建设和农业信息技术与人才的培养等。

8.3　组　织　保　障

在云南少数民族地区信息技术应用过程中，应建立省、市、县、镇四级组织管理层级，加强省级的统筹领导、协调工作，实行对下面三级的领导、规划、建设和管理的统一，建立高效有序的组织保障体系，把少数民族地区农业信息化的合理有效建设作为当前和今后重点要实现的目标来推进，加快各级政府合理组织管理下的农业信息化建设和发展。

8.4　机　制　保　障

建立"各级政府主导，少数民族地区各社区参与"的农业信息服务机制，提高农业信息服务水平和质量，以可持续发展为指导宗旨，对农业信息进行全局的资源整合，实现各个涉农部门的农业信息共享和协作，以信息化有效协作为理念使云南少数民族地区农民逐渐形成合理有效使用农业信息的意识，稳步有序推进各少数民族地区农业信息化，使云南少数民族地区农业信息技术应用呈现较新局面。

参 考 文 献

[1] 熊双林. 国内外农业信息技术发展应用现状简介[J]. 农业网络信息，2004（9）：5.

[2] 佐薇·施兰格. 忘掉 2015 吧，预测 2050 年才有看头[N]. 新闻周刊，2015-01-16.

[3] Tilman D，Cassman K G，Matson P，et al. Agricultural sustainability and intensive production practices[J]. Nature，2002，418：671-677.

[4] Rao N. H. A framework for implementing information and communication technologies in agricultural development in India[J]. Technological Forecasting and Social Change，2007，74：491-518.

[5] 赵元凤. 发达国家农业信息化的特点[J]. 中国农村经济，2002（7）：74-78.

[6] 沈瑛. 国外农业信息化发展趋势[J]. 世界农业，2002（1）：43-45.

[7] Cortez E M. An engine for strategic planning and information policy development at the US[J]. Department of agriculture Journal of Government Information，1999，26：119-129.

[8] Spiertz J H J，Kropff M J. Adaptation of knowledge systems to changes in agriculture and society：The case of the Netherlands NJAS - Wageningen [J]. Journal of Life Sciences，2011，58：1-10.

[9] 范凤翠，李志宏，王桂荣，等. 国外主要国家农业信息化发展现状及特点的比较研究[J]. 农业图书情报学刊，2006（6）：175-177.

[10] 刘继芬. 德国农业信息化的现状和发展趋势[J]. 世界农业，2003（10）：36-38.

[11] 崔国胜，孔媛. 法国农业信息化发展状况[J]. 世界农业，2004（2）：40-41.

[12] 子瑜. 农业信息化席卷世界[N]. 中国财经报，2005-12-07（008）.

[13] 曲春红. 印度的农业信息化发展趋势及成功经验[J]. 世界农业，2003（11）：33-35.

[14] Mondal P，Basua M. Adoption of precision agriculture technologies in India and in some developing countries：Scope[J]. Present status and strategies Progress in Natural Science，2009，19：659-666.

[15] Ochai A. Library services to the grassroots in developing countries：a revisionist approach[J]. African Journal of Library，Archives and Information Science，1995（10）：163-171.

[16] Mokotjo W，Kalusopa T. Evaluation of the agricultural information service（AIS）in Lesotho[J]. International Journal of Information Management，2010，30：350-356.

[17] 丁圣彦. 精准农业的技术体系与应用研究进展[J]. 农业现代化研究，2002，23（3）：222-225.

[18] Tuomisto H L，Hodge I D，Riordan P，et al. Comparing energy balances，greenhouse gas balances and biodiversity impacts of contrasting farming systems with alternative land uses [J].

Agricultural Systems，2012，108（4）：42-49.

[19] Borko H，Menou M J. Index of information utilization potential final report of the IUP Pilot Project[D]. University of California at Los Angeles，1982.

[20] 秦开大. 基于应用服务提供商（ASP）的云南省茶电子产业链管理系统研究[D]. 昆明：昆明理工大学，2001.

[21] Eres B K. Socioeconomic conditions related to information activity in less developed countries[J]. SASIS，1985，36（5）：213-218.

[22] Ellis F. Agriculture Policies in Developing Countries [M]. New York: Published Syndicate of University Cambridge, 2001：10-18.

[23] Drury R L. Tweeten The costs and benefits of informational[J]. SiMon and Schuster，2001，19（5）：26.

[24] Ntaliani M，Costopoulou C ，Karetsos S. Mobile government：A challenge for agriculture[J]. Government Information Quarterly，2008，25（4）：699-716.

[25] Ntaliani M，Constantina C，Sotirios K，et al. Agricultural e-government services：An implementation framework and case study[J] . Computers and Electronics in Agriculture，2010，70（2）：337-374.

[26] Zhang J L，Li Y C，Orens Shamir AVOUNGNANSOU M. A. A compatative study of agricultural informatization for China and beyond [J]，Agricultural Science & Technology，2013，14（6）：929-933.

[27] Ghadim A K A, Pannell D J. A conceptual framework of adoption of an agricultural innovation[J]. Agricultural Economics of Agricultural Economists，1999，21（2）：145-154.

[28] Glass V，Talluto S，Babb C. Technological breakthroughs lower the cost of broadband service to isolated consumers[J]. Government Information Quarterly，2003（20）：121-133.

[29] Njoku I F. The information needs and information-seeking behaviour of fishermen in Lagos State，Nigeria[J]. The International Information &libarry Review，2004，36（4）：297-307.

[30] 王丹，王文生，闵耀良. 中国农村信息化服务模式选择与应用[J]. 世界农业，2006（8）：18-20.

[31] 吴亮，金洁. 基于创新扩散理论的少数民族地区农业信息技术服务采纳研究[J]. 中外企业家，2011（8）：106-107+188.

[32] 马维纲，孔珂，姚全珠，等. 基于 Web 的旱情水量调度仿真系统[J]. 计算机应用研究，2006（3）：186-188.

[33] 李志斌，陈佑启，姚艳敏，等. 基于 GIS 的区域性耕地预警信息系统设计[J]. 农业现代化研究，2007（1）：57-60.

[34] 张军，尚敏，陈剑. 基于 3G 技术的智能农业远程监控与管理系统[J]. 计算机测量与控制，2011（5）：1058-1061.

[35] 吴庆兰，孙桂玲. 论农业信息化的重要性[J]. 农业网络信息，2006（3）：43-46.

[36] 胡春晓. 农业信息化在新农村建设中的作用及其对策研究[J]. 商业研究，2007（11）：131-134.

[37] 彭雪峰，向蝶. 信息化建设在新农村建设中的重要性[J]. 信息系统工程，2009（5）：79.

[38] 邱祥阳. 信息化在新农村建设中的作用及对策研究[J]. 求实，2011（2）：94-96.

[39] 王敬儒. 2005 年"数字安徽"博士科技论坛[J]. 科协论坛，2006（2）：17.

[40] 温茵茵，程刚. 我国农村信息化发展进程研究[J]. 农业网络信息，2008（12）：4-6.

[41] 王强，曾小红. 国内外农业数据资源和网络发展概况[J]. 世界农业，2008（11）：61-64.

[42] 廖桂平，肖力争，朱方长，等. 湖南农业农村信息化现状与发展[J]. 情报杂志，2011（2）：62-65.

[43] 李良勇，邹喜明，黄松青，等. 农业信息技术在我国烟叶生产领域的应用现状与前景展望[J]. 农业网络信息，2007（5）：33-36.

[44] 李卫，杨中义，张一扬，等. 三维地理信息技术在现代烟草农业建设中的应用——以云南保山烟区为例[J]. 中国烟草科学. 2012（5）：97-103.

[45] 周旺，张引琼，李朋飞. O2O 电子商务模式在湖南省新农村建设中的应用探索——以石门柑橘为例[J]. 电脑知识与技术. 2014（26）：6257-6259.

[46] 李章梅，起建凌，孙海清. 农村电子商务扶贫探索[J]. 商场现代化，2015（2）：74-75.

[47] 陈良玉. 农村信息化现状及趋势研究[J]. 农业经济问题，2004（10）：56-58+80.

[48] 李雪，赵文忠. 我国农村信息化建设的重大工程概述[J]. 活力，2010（6）：123.

[49] 包萨日娜. 中日农业信息化的比较研究——以农业信息化政策，互联网和手机在农业中的应用为例[J]. 中国农业信息，2011（7）：17-19.

[50] 中国互联网络信息中心. 第 37 次中国互联网络发展状况统计报告[R]. 北京：中国互联网信息中心，2016.

[51] 郑远红. 具有广西少数民族地区特色的现代农业开发研究[D]. 南宁：广西大学，2005.

[52] 刘婕，王江. 云南省基诺族农业信息化建设的探讨[J]. 农业网络息，2009（9）：54-55+59.

[53] 张晶，赵岩. 我国农业信息资源开发问题探析[J]. 农业图书情报刊，2009（11）：41-43+52.

[54] 于涌鲲，缪小燕，高飞. 中外农业信息管理现状研究[J]. 情报科学，2004（9）：1149-1151.

[55] 王生生，刘大有，欧阳继红，等. 数字农业时空信息管理平台[J]. 计算机应用研究，2007（5）：163-165+185.

[56] 胡志全，吴永常，程广燕. 信息化与"三农"问题[J]. 中国信息界，2005（16）：16-18.

[57] 李应博. 我国农业信息服务体系研究[D]. 北京：中国农业大学，2005.

[58] 齐力，邓保国. 农业信息化服务体系研究——基于广东农户需求的分析[J]. 广东农业科学，2011（1）：229-231.

[59] 邓威，姚远. 乡村信息化是农业现代化的根本[J]. 世界农业，2006（2）：53-55.

[60] 高万林，李桢，于丽娜，等. 加快农业信息化建设 促进农业现代化发展[J]. 农业现代化研究，2010（3）：257-261.

[61] 王文强. 以信息化促进中国农业产业化发展[J]. 世界农业，2003（3）：49-51.

[62] 卢光明. 农业信息化是促进农业产业化的重要手段[J]. 中国管理信息化（综合版），2007（6）：37-38.

[63] 马云泽. 论新型工业化下的农业信息化[J]. 农业经济问题，2003（12）：31-34+80.

[64] 翟书斌. 中国农村新型工业化及其路径选择[J]. 农业现代化研究，2005（1）：58-61.

[65] 张喜才，秦向阳，张兴校. 北京市农村信息化评价指标体系研究[J]. 北京农业职业学院学报，2008（1）：42-46.

[66] 信丽媛，宋治文，贾宝红，等. 浅析天津农业信息化测评指标体系的构建[J]. 中国农学通报，2008（8）：465-468.

[67] 王爽英，童泽霞. 我国农业信息化水平的测算及发展趋势研究[J]. 农业现代化研究，2008（2）：216-218.

[68] 李思. 四川三州地区农业信息化水平评价及发展对策研究[D]. 雅安：四川农业大学，2009.

[69] 于淑敏，朱玉春. 农业信息化水平的测度及其与农业全要素生产率的关系[J]. 山东农业大学学报（社会科学版），2011（3）：31-36.

[70] 刘琳，乔忠，刘伟. 政府在我国农业信息化建设中的投资作用[J]. 中国农业大学学报，2006（2）：103-107.

[71] 曾峰. 谈农业电子政务和商务的实践与发展[J]. 现代农业科技，2006（8）：108-109.

[72] 王娟，温暖，郑国清. 农村电子政务促进我国新农村建设[J]. 农业网络信息，2008（10）：145-147.

[73] 罗文芳. 农经网服务"三农"的经济学效益浅析[J]. 贵州气象，2004（4）：29-32.

[74] 雷娜，赵邦宏，杨金深，等. 农户对农业信息的支付意愿及影响因素分析——以河北省为例[J]. 农业技术经济，2007（3）：108-112.

[75] 张喜才，秦向阳，崔长雷. 农村信息化的经济学分析[J]. 农业网络信息，2008（5）：12-14+30.

[76] 刘丽伟. 对我国农业信息化现阶段特征的经济学分析[J]. 学术交流，2011（6）：107-110.

[77] 贾善刚. 农业信息化与农业经济发展[J]. 农业经济问题，1999（2）：48-51.

[78] 赵启然. 信息化对我国农业经济增长贡献实证分析[D]. 保定：河北农业大学，2006.

[79] 邓培军，陈一智. 我国农业信息化与农村经济增长相关性研究[J]. 资源开发与市场，2010，（4）：338-340+367.

[80] 吴中庆. 关于我国现代化进程测度指标的评价[J]. 科技和产业, 2005（7）: 25.

[81] 韩菲. 高新技术企业人员培训效果评估研究[D]. 济南: 山东大学, 2010: 64.

[82] 高雅, 甘国辉. 农业信息化评价指标体系初步研究[J]. 农业网络信息, 2009（8）: 9-13+17.

[83] 卢丽娜, 于风程, 范华. 我国农业信息化水平测度的理论与应用研究[J]. 理论学刊, 2010（6）: 37-41.

[84] 徐青青. 民族地区农业信息化水平测度及实证分析[D]. 武汉: 中南民族大学, 2012（4）: 15.

[85] 许智宏, 刘耀. 农村电子政务的制约因素及对策建议[J]. 农业网络信息, 2007（5）: 68-70.

[86] 卢丽娜. 农业信息化测度指标体系的构建[J]. 农业图书情报学刊, 2007（4）: 182.

[87] 孙贵珍. 河北省农村信息贫困问题研究[D]. 保定: 河北农业大学, 2010.

[88] 李杨. 浅谈农业信息化评价指标体系[J]. 科技与企业, 2013（6）: 259.

[89] 李思. 基于主成分分析法的农业信息化水平评价研究[J]. 安徽农业科学, 2010（21）: 11534-11535+11550.

[90] 张军. 农村信息化评价指标体系构建与测评[D]. 北京: 中国农业科学院, 2011: 10.

[91] 邵祖峰.基于主成份分析法的警务信息化水平综合评价[J].贵州警官职业学院学报, 2005（11）: 90.

[92] 中国互联网络信息中心（CNNIC）. 第 39 次中国互联网络发展状况统计报告[R]. 2017.1.

[93] 张永金. 云南省农业信息化建设的现状、问题及发展对策研究[J]. 云南农业科技, 2009(5): 62-64.

[94] 吴冠夏. 中国网费是发达国家"10 倍"中的利益烟幕[N]. 中国青年报, 2007（5）.

[95] 王恒玉. 非正式制度创新: 甘肃农业信息化对策研究[J]. 图书与情报, 2004（4）: 6-8.

[96] 庄楠. 信息技术在都市农业中的应用与展望[J]. 安徽农业科学, 2011（11）: 6889-6891.

[97] 陈国波. 我国农业信息化服务存在的问题和对策[J]. 产业与科技论坛, 2007（5）: 12.

[98] 井鹏飞. 泰安市农业信息化建设研究[D]. 泰安: 山东农业大学, 2010.

[99] 陈升东, 刘振环, 钱金良. 浅谈云南省农业信息网络建设现状、问题及发展对策[J]. 云南农业科技, 2003（1）: 44.

[100] 黄雄伟. 推进信息进村入户加快发展北海农村信息化[J]. 企业科技与发展, 2010（21）: 5-7+10.

[101] 张林约, 李蕊, 赵春锋. 加快推进西部地区农村信息化之战略思考[J]. 农业网络信息, 2008（4）: 4-7.

[102] 李雪. 黑龙江省农村信息化发展模式研究[D]. 北京: 中国农业科学院, 2008.

[103] 史婕. 宁夏永宁县农村信息化建设途径分析[D]. 北京: 中央民族大学, 2010.

[104] 张海云. 我国农业信息化建设存在的问题及对策[J]. 现代农业科技, 2010（9）: 39-40.

[105] 由振宇. 试论农业信息化对促进农村经济发展的重要意义——兼谈辽宁农业信息化建设[J]. 农业经济，2005（5）：46-47.

[106] 赵俊臣，高玉亭. 云南农业信息化建设研究[J]. 学术探索，2004（8）：41-45.

[107] 武亚云. 云南省农业信息化发展状况及思考[J]. 农业网络信息，2008（5）：65-67.

[108] 朱秀珍，陈新添，田笑含，等. 我国农业信息化的发展现状·问题·对策[J]. 农机化研究，2007（8）：222.

[109] 王红谊. 农业信息技术创新六个必须关注领域[J]. 中国农业信息快讯，2001（1）：23.

[110] 起建凌. 西部地区农业信息化对策研究——以云南省农业信息化发展为例[J]. 农业网络信息，2005（9）：19-21.

[111] 陈家康. 以信息化促进山区社会主义新农村建设[J]. 广东科技，2007（1）：21.

[112] 李柱. 江苏发展现代农业信息咨询业的意义、对策与思考[J]. 农业网络信息，2004（1）：32-35.

[113] 周裕森. 农村电子商务发展现状与对策研究[D]. 武汉：湖北工业大学，2016.

附录 信息技术应用入户调查问卷

一、调查对象基本情况

1. 您的家庭住址：（乡镇、村）

2. 性别：＿＿＿＿＿＿＿　民族：＿＿＿＿＿＿＿　年龄：＿＿＿＿＿＿＿

3. 您的职业：

    （1）农业企业老板   （2）经销流通大户

    （3）种植大户   （4）养殖大户

    （5）中小企业老板   （6）普通农户

    （7）其他

4. 您的家庭月收入＿＿＿＿（元），＿＿＿＿收入是主要来源

    （1）经济作物   （2）畜牧

    （3）养殖   （4）其他

5. 您的受教育程度：

    （1）小学以下   （2）小学

    （3）初中   （4）高中（中专/技校）

    （5）大专   （6）本科或以上

二、信息化需求

1. 您主要种养什么产品：（可多选）

    （1）粮食   （2）经济作物

    （3）水产或家禽养殖   （4）其他

2. 您的种植面积有多少：

    （1）1亩以下   （2）1～5亩

    （3）5～10亩   （4）10～20亩

    （5）20亩以上，具体是＿＿＿＿＿＿

3. 如果农产品快收成了，您会怎么办？

    （1）等贩子上门   （2）自己运到市场上卖

    （3）将供应信息发布在报纸、电视、网络上

    （4）预先联系上门收购

4. 您每年的农产品卖给谁？

　　（1）贩子　　　　　　　　　　（2）供销社/公司

　　（3）自己运到市场上卖　　　　（4）自己食用

　　（5）其他

5. 您什么时候最想了解农业信息：（可多选）

　　（1）播种季节　　　　　　　　（2）作物生长季节

　　（3）收成季节　　　　　　　　（4）有病虫害的时候

　　（5）其他

6. 您最想了解什么信息：（可多选）

　　（1）种植技术　　　　　　　　（2）病虫害防治

　　（3）市场价格　　　　　　　　（4）新品种

　　（5）农业气象　　　　　　　　（6）农产品供求

　　（7）疫情预报与防范技术　　　（8）政策法规

　　（9）其他

三、应用情况

若您使用电话（固定电话、移动电话）获取农业信息，请填此部分：

1. 您通过电话获取农业信息的具体方式有，主动获取：＿＿＿＿　被动获取：＿＿＿＿

主动获取：（1）主动打电话询问相关部门或单位

　　　　　（2）主动定制农业信息短信　（3）手机上网获取

被动获取：（1）相关部门打电话通知　　（2）相关部门短信通知

2. 您认为打电话获取农业信息面临的最大问题是：（可多选）

　　（1）咨询费用过高　　　　　　（2）获取农业信息不适用

　　（3）无相关部门可以咨询　　　（4）其他

3. 您认为手机短信传送信息是否可行？

　　（1）不错的方式　　　　　　　（2）没有太多价值

　　（3）无所谓

4. 您认为信息获取农业信息面临的最大问题是：

　　（1）定制程序复杂，不会使用　（2）定制费用昂贵

　　（3）短信内容不适合我　　　　（4）太浪费时间

5. 您认为手机上网获取农业信息的困难所在：

　　（1）不知信息真伪

　　（2）支持手机上网的农业信息平台较少或不存在

　　（3）手机上网费用过高　　　　（4）其他

6. 您是否愿意花点钱去买信息？

（1）如果有用，多少钱都愿意 　　（2）每个月 2 元以下

（3）每个月 2～5 元 　　（4）每个月 5～10 元

若您通过电视获取农业信息，请填此部分：

1. 您会看农业信息频道吗？

（1）否 　　（2）是＿＿＿＿＿＿（看的是什么节目）

2. 您什么时候看农业信息频道？

（1）上午 8 点至 11 点 　　（2）中午 12 点至下午 2 点

（3）下午 3 点至 6 点 　　（4）晚上 7 点至凌晨 1 点

3. 您每天花多少时间看农业信息频道？

（1）1 小时以下 　　（2）1 小时至 2 小时（包括 2 小时）

（3）2 小时至 3 小时（包括 3 小时） 　　（4）3 小时以上

4. 如果电视正好有一条求购信息，您会打电话联系吗？

（1）肯定会 　　（2）可能试一试

（3）如果是本地的则会，不是则不会 　　（4）不会

5. 地方电视台是否会播报农业信息？

（1）是 　　（2）否＿＿＿＿＿＿（请说明原因）

6. 电视上播报的农业信息对您有用吗？

（1）是 　　（2）否＿＿＿＿＿＿（请说明原因）

7. 您希望通过电视获取什么农业信息？

（1）农业种植、养殖等相关技术及经验

（2）农业供求信息 　　（3）农业发展相关信息

（4）特色农业发展方式介绍 　　（5）其他

若您通过广播（收音机）获取农业信息，请填此部分：

1. 您什么时候收听农业信息频道？

（1）上午 8 点至 11 点 　　（2）中午 12 点至下午 2 点

（3）下午 3 点至 6 点 　　（4）晚上 7 点至凌晨 1 点

2. 您每天花多少时间收听农业信息频道？

（1）1 小时以下 　　（2）1 小时至 2 小时（包括 2 小时）

（3）2 小时至 3 小时（包括 3 小时） 　　（4）3 小时以上

3. 您所在的村寨通过广播播报的农业信息有：

（1）种植技术 　　（2）病虫害防治

（3）市场价格 　　（4）新品种

（5）农业气象 　　（6）农产品供求

（7）疫情预报与防范技术 　　（8）政策法规

（9）其他

4. 您对该村的广播播报的农业信息满意吗？

　　（1）是　　　　　　　　　　　（2）否＿＿＿＿＿＿（请说明原因）

5. 您经常收听的农业信息节目有哪些？

6. 您认为以广播收音机的形式获取农业信息存在哪些问题？

　　（1）广播播报的农业信息不及时，内容不是最新的需求和供给信息，不能满足
　　　　您的需要（播报的内容不全面）

　　（2）广播播报的效果不好

　　（3）广播播报仅限于特定的某个时段，因此只能在该时段才能获取，信息获取
　　　　不便，即每天特定节目的播放次数有限

　　（4）收音机能收听的农业信息节目有限

　　（5）收音机播报的农业信息是针对全国性的，非地方性，因此不太适用

　　（6）其他

若您通过电脑获取农业信息，请填此部分：

1. 您觉得使用电脑对您来说困难吗？

　　（1）困难　　　　　　　　　　　（2）容易

　　（3）不困难，但很生疏

2. 如果有免费的电脑知识培训您愿意花时间去学习吗？

　　（1）很感兴趣，愿意　　　　　　（2）没兴趣，不愿意

　　（3）如果有时间就去

3. 您经常在网络上查看农业供求信息吗？

　　（1）有，但很少　　　　　　　　（2）有，经常

　　（3）没有＿＿＿＿＿＿（请说明原因）

4. 您愿意在网络上发布您的农产品信息以寻找更多的商机吗？

　　（1）非常愿意，并积极参与　　　（2）太复杂就不愿意

　　（3）不了解，无所谓

5. 如果有人在网上看到您发布的农业信息，并给您打电话，您会相信他，与他做
　　生意吗？

　　（1）肯定会　　　　　　　　　　（2）要谈一谈，看是否可靠

　　（3）我会要求面谈　　　　　　　（4）可能是骗人的信息，因此我不会谈

若您通过其他途径获取农业信息，请填此部分：

1. 如果您还没有以上述工具获取农业信息，那么您最可能接受哪一种工具来获取
　　农业信息？

　　（1）电话（固定电话、移动电话）　　（2）电视

（3）广播收音机 （4）电脑

（5）报刊

2. 除上述途径外，您一般通过何种途径了解农业信息？（可多选）

（1）亲戚邻居朋友 （2）别人示范榜样

（3）乡镇政府部门或其他政府组织 （4）图书报纸杂志

（5）其他

四、总结篇

1. 您希望国家对少数民族地区农业信息技术发展的支持方式是什么？（可多选）

（1）提供农业专家支持和农业信息服务

（2）免费提供农业信息 （3）免费提供农业报刊

（4）加大家电下乡补贴（包括电脑、手机、电视、收音机的补贴）

（5）直接给现金

（6）加大农业基础设施建设（如水利、交通设施和通信网络建设）

2. 您对农业信息技术的应用有何想法或建议？您希望给您提供什么样的培训和支持？